棉副产品饲料化利用技术实用手册

◎ 冯东河 郭同军 桑断疾 编著

中国农业科学技术出版社

图书在版编目（CIP）数据

棉副产品饲料化利用技术实用手册 / 冯东河，郭同军，桑断疾编著. -- 北京：中国农业科学技术出版社，2021.11
ISBN 978-7-5116-5463-2

Ⅰ.①棉… Ⅱ.①冯… ②郭… ③桑… Ⅲ.①棉花—副产品—饲料加工—手册 Ⅳ.① S562-62

中国版本图书馆 CIP 数据核字（2021）第 171819 号

责任编辑　金　迪
责任校对　马广洋
责任印制　姜义伟　王思文

出 版 者　中国农业科学技术出版社
　　　　　北京市中关村南大街 12 号　　邮编：100081
电　　话　（010）82109705（编辑室）　（010）82109702（发行部）
　　　　　（010）82109709（读者服务部）
传　　真　（010）82106643
网　　址　http://www.castp.cn
经 销 者　各地新华书店
印 刷 者　北京中科印刷有限公司
开　　本　148mm×210mm　1/32
印　　张　4.625
字　　数　256 千字
版　　次　2021 年 11 月第 1 版　2021 年 11 月第 1 次印刷
定　　价　68.00 元

《棉副产品饲料化利用技术实用手册》
编著委员会

主 编 著：冯东河　　郭同军　　桑断疾

副主编著：崔卫东　　臧长江　　依马木玉　臧彦全

编著人员（按姓氏笔画排序）：

古再丽努尔·艾麦提　冯东河　　朱　宁

刘应进　　刘　黎　　苏玲玲　　李　亮

杨建中　　杨瑞红　　肖海龙　　张志军

张俊瑜　　张想峰　　阿不夏合满·穆巴拉克

依马木玉　哈尔阿力·沙布尔　　侯良忠

侯　敏　　党　乐　　袁　芳　　高雪峰

郭同军　　桑断疾　　崔卫东　　梁春明

臧长江　　熊聚平

前言

2020年我国的棉花种植面积为4 754.85万亩，棉花产量591.0万t，棉副产品理论资源量1 650.76万t。棉副产品是棉花收获和加工过程中产生的副产物，主要包括棉秸秆、棉籽、棉籽壳、棉粕、棉油、棉短绒和机渣等。棉粕在世界范围内的粕产量中，仅次于大豆粕，居第二位；棉秸秆是继水稻秸秆、小麦秸秆和玉米秸秆之后的重要农作物秸秆。我国棉副产品资源丰富，除棉油、棉粕作为食用和饲料原料外，其他棉副产品多用于还田、建材和燃料等，在粗饲料短缺地区经过加工处理也可替代部分粗饲料被反刍动物利用。但是，由于对棉副产品饲料化应用方面的研究不深，致使其利用水平处于低级随意状态，饲料的利用率和转化率均处于较低水平。

棉副产品因含游离棉酚、类棉酚色素、环丙烯脂肪酸等物质，不进行预处理作为饲料原料使用会影响家畜的生长发育和繁殖性能；棉秸秆等棉副产品因含木质素、结晶纤维素和植物胶质成分，不进行预处理会影响饲料的适口性、消化率和饲料转化效率。随着对畜产品需求量的增加，粗饲料及蛋白饲料资源的短缺日益成为影响畜牧业快速发展的重要因素。已有的相关研究及生产实践证明，棉副产品的科学利用既可缓解饲料资源短缺的问题，又可降低养殖成本，增加经济收入，应用前景可观。

本书从畜牧生产一线棉副产品饲料化利用的技术需求出发，查阅了大量资料，结合编著者多年的研究成果，将目前较为成熟的棉副产品饲料化应用技术进行了编撰整理，理论联系实际，针对性地介绍了棉副产品饲料化利用的意义，棉籽、棉仁、棉籽饼粕饲料化利用技术，棉籽壳和棉花机渣（采棉机渣和轧花机渣）饲料化利用技术，棉秸秆饲料化利用技术和棉副产品饲料化利用模式，推荐了部分饲料配方，期望为广大基层技术人员、规模化养殖场和专业养殖户提供相关技术支持。随着人们对棉副产品认识的不断提高，研究不断深入，技术壁垒不断攻克，其作为动物饲料的应用前景也更加清晰明了。

感谢尉犁同丰油脂工贸有限责任公司袁建波先生、新疆银谷泰油脂有限公司蒲雪松先生和新疆汇禾牧兴农牧产品有限公司罗晓丽女士为本书出版提供的帮助。本书的部分图片与信息来自网络，在此向那些不知姓名的提供者表示感谢！

鉴于编者水平有限，难免存在疏漏之处，敬请广大读者及同人批评指正。

编著者

2021 年 6 月 25 日

目　录

第一章
棉副产品饲料化利用的意义

棉副产品是棉花收获和加工过程中的副产物，主要有棉秸秆、棉籽、棉仁、棉籽壳、棉粕、棉油、棉短绒和机渣等。随着人们对畜产品需求量的增加，储量可观的棉副产品在畜牧业中起到越来越重要的作用，尤其是棉花主产区。棉粕在世界范围内的粕产量中，仅次于大豆粕，居第二位，而棉秸秆也是仅次于水稻秸秆、小麦秸秆和玉米秸秆之后的重要农作物秸秆。我国棉副产品资源丰富，科学合理地利用棉副产品对丰富我国草食畜牧业饲料来源、降低饲料投入成本和提高养殖收益均具有重要的意义。

第一节　棉副产品资源储量及分布

棉花是锦葵科（Malvaceae）棉属（*Gossypium*）植物。"棉花全身都是宝"，棉纤维是纺织工业的重要原料，棉籽和棉仁是重要的油料原料和蛋白来源，棉短绒、棉籽壳、棉秸秆等可作为反刍动物粗饲料、食用菌天然培养基、纤维板及箱板纸原料和生物质燃料等，棉根可用来制造止咳药物等。在棉花种植、加工、流通、消费等整条产业链中，棉花及其副产品都有重要的经济利用价值。

一、我国及新疆棉花播种面积及棉花产量

棉花是我国的重要经济作物之一，2020年我国棉花播种面积为4 754.85万亩（1亩≈667 m²），棉花产量591.00万 t，占全球产量的1/5，主要分布于黄河流域、长江流域和西北内陆地区；新疆是我国最大的棉花生产区，2020年棉花的种植面积达到了3 752.85万

亩，棉花产量 516.10 万 t，约占全国棉花种植面积的 78.91%，新疆棉花总产量已连续多年位居全国第一位（表 1-1，图 1-1 和图 1-2）。

表 1-1 2001—2020 年全国和新疆棉花播种面积及棉花产量

年份	全国播种面积 （万亩）	全国棉花产量 （万 t）	新疆播种面积 （万亩）	新疆棉花产量 （万 t）
2001	7 214.7	532.4	1 694.6	145.8
2002	6 276.3	491.6	1 415.9	147.7
2003	7 665.8	486.0	1 583.3	160
2004	8 539.4	632.4	1 705.4	178.3
2005	7 592.7	571.4	1 740.8	187.4
2006	8 723.6	753.3	2 526.2	290.6
2007	7 798.1	759.7	2 388.8	319.4
2008	7 917.2	723.2	2 453.9	306
2009	6 727.1	623.6	2 007.6	264.3
2010	6 549.0	577.0	2 309.6	276.3
2011	6 786.0	651.9	2 624.6	349.9
2012	6 539.4	660.8	2 793.8	388.5
2013	6 243.3	628.2	2 826.6	393.6
2014	6 264.8	629.9	3 255.9	414.9
2015	5 662.5	590.7	3 216.5	419.1
2016	4 797.5	534.3	3 089.4	407.8
2017	4 792.1	565.3	3 326.3	456.7
2018	5 031.6	610.3	3 737.0	511.1
2019	5 009.0	588.9	3 810.8	500.2
2020	4 754.9	591.0	3 752.9	516.1

如图 1-2 所示，我国在 2006 年棉花种植面积达到最大值 8 723.6 万亩后，棉花种植面积呈现逐渐下降趋势，2020 年种植面积达 4 754.9 万亩；2002 年新疆棉花种植面积最少，约为 1 415.9 万亩，随后种植面积呈逐年增加趋势，2020 年棉花种植面积达 3 752.9 万亩。

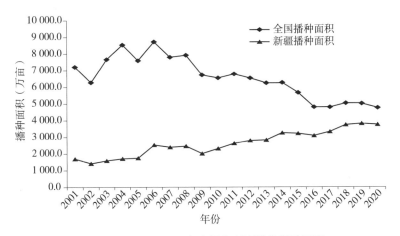

图 1-1 2001—2020 年全国和新疆棉花播种面积

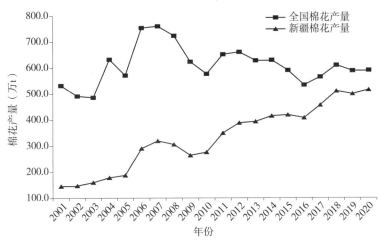

图 1-2 2001—2020 年全国和新疆棉花产量

（注：数据来源于中华人民共和国国家统计局）

二、我国及新疆棉副产品产量测算

棉副产品中，除了棉根和靠近根部的棉秸秆粗茎外，其他棉副产品均可以在适当处理后作为家畜饲料，尤其是反刍动物的饲料。依据表 1-2 中的棉花播种面积和棉花产量，棉副产品储量测算有

表 1-2 2015—2020 年全国及新疆棉副产品产量

单位：万 t

区域	年份	棉花产量	皮棉	毛棉籽	棉秸秆	棉籽壳	棉粕	棉油	棉短绒	棉花机渣
全国	2015	590.7	200.84	120.50	1 420.67	37.36	54.23	14.46	12.05	88.60
	2016	534.3	181.66	108.99	1 285.03	33.79	49.05	13.08	10.90	80.14
	2017	565.3	192.20	115.32	1 359.58	35.75	51.90	13.84	11.53	84.79
	2018	610.3	207.50	124.50	1 467.81	38.60	56.03	14.94	12.45	91.54
	2019	588.9	200.23	120.13	1 416.34	37.24	54.06	14.42	12.02	88.33
	2020	591.0	200.94	120.56	1 421.39	37.38	54.26	14.47	12.06	88.65
新疆	2015	419.1	142.50	85.49	1 007.96	26.50	38.48	10.26	8.55	62.86
	2016	407.8	138.65	83.19	980.78	25.79	37.44	9.98	8.32	61.17
	2017	456.7	155.28	93.16	1 098.39	28.88	41.93	11.18	9.32	68.50
	2018	511.1	173.78	104.26	1 229.23	32.32	46.92	12.51	10.43	76.66
	2019	500.2	170.07	102.04	1 203.01	31.63	45.92	12.25	10.21	75.03
	2020	516.1	175.48	105.28	1 241.25	32.64	47.38	12.64	10.53	77.41

注：①皮棉产量＝棉花产量×40%衣分率；②毛棉籽产量＝棉花产量×（100%-40%衣分率）；③采棉机收获棉产量＝采棉机收获棉花产量；棉花机渣＝采棉机收获棉花产量×85%；④生产中，采棉机收获模式下的棉花的杂质总量为15%，人工采摘棉花的杂质总量为1.5%；⑤棉秸秆＝棉花播种面积×4.20 t/hm²；⑥棉籽壳＝毛棉籽×31%（棉籽壳占毛棉籽的比例）；⑦棉粕＝毛棉籽×45%（棉粕占毛棉籽的比例）；⑧棉油＝毛棉籽×12%（棉油占毛棉籽的比例）；⑨棉短绒＝毛棉籽×10%（棉短绒占毛棉籽的比例）。

以下几种原则：①人工采摘棉花，1 t 籽棉可以生产 40% 的皮棉和 58.5%～60% 的毛棉籽，棉花机渣 1.5% 左右；②在采棉机作业模式下，1 t 籽棉可产生皮棉 35%～36%，毛棉籽 47%～48%，棉花机渣 15%，损耗 2%；③ 1 t 毛棉籽可生产棉短绒 10%，棉籽壳 31%，棉粕 45%，棉油 12%，损耗 2%；④棉秸秆产量按 4.20 t/hm²（280 kg/ 亩）、含水率＜20% 计算。

经测算，2020 年我国的棉副产品的资源产量为棉短绒 12.06 万 t、棉油 14.47 万 t、棉仁饼（粕）60.37 万 t、棉籽壳 37.38 万 t、棉秸秆 1 421.39 万 t。2020 年新疆棉副产品的资源产量为棉短绒 10.53 万 t、棉籽油 12.64 万 t、棉仁饼（粕）47.38 万 t、棉籽壳 32.64 万 t、棉秸秆 1 241.25 万 t。棉副产品资源理论储量丰富，然而在畜牧业生产中的利用还处于初级利用状态，缺乏科学的处理，棉仁、棉粕、棉籽壳和轧花机渣等因处理不得当而造成较高比例的隐形浪费，而棉秸秆多以焚烧或深埋方式还田，饲料利用率不到 1/3。

随着人们对肉、蛋、奶等的需求日益增加，粗饲料及蛋白饲料资源的短缺日益成为影响畜牧业快速发展的重要因素。已有的相关研究实践证明，棉副产品的科学利用既可缓解粗饲料及蛋白饲料资源的短缺问题，又可增加经济收入，应用前景可观。

第二节　棉副产品饲料化利用现状及其限制因素

棉籽、棉仁和棉粕等棉副产品由于含有游离棉酚、类棉酚色素、环丙烯脂肪酸等物质，不进行预处理会影响家畜的生长发育和繁殖性能；棉籽壳、棉花机渣和棉秸秆等棉副产品除游离棉酚、类棉酚色素、环丙烯脂肪酸的因素外，还因含较高的木质素、结晶纤维素和植物胶质成分，不进行预处理会影响饲料的适口性、消化率和饲料转化效率。本节就棉副产品饲料化利用现状和影响其利用的限制性因素进行阐述。

一、棉副产品利用的必要性

随着我国农牧区牛羊养殖规模的增加，许多地区饲草料紧缺的现状日益突显，尤其是新疆棉花主产区（如南疆），牛羊饲草供需矛盾十分突出。因此，提高棉仁、棉粕、棉籽壳和轧花机渣的利用效率，开发利用棉秸秆作为粗饲料用于牛羊养殖，可成为解决棉花主产区饲草料紧缺问题的重要措施。

棉仁和棉粕的粗蛋白质含量在40%～50%，是一种优质的蛋白饲料来源，其价格远低于豆粕等蛋白饲料。在当前畜牧业和饲料工业快速发展，豆粕、葵粕、菜籽粕等蛋白饲料的价格日益高涨且需求日益增加的形势下，科学利用棉籽饼粕类蛋白饲料，降低游离棉酚、类棉酚色素、环丙烯脂肪酸的毒害作用，提高其饲料利用效率显得尤为重要。

棉籽壳、轧花机渣和棉秸秆在牛羊养殖中可作为粗饲料使用，且其粗蛋白质含量均高于小麦秸秆和玉米秸秆。棉籽壳和轧花机渣在棉花主产区已成为牛羊育肥常用的粗饲料之一。在人们对肉食品需求持续增加而牧草资源又不足的情况下，将棉籽壳、轧花机渣和棉秸秆适当处理后，加工成适口性和饲料转化率较好的日粮，可有效缓解畜牧业养殖过程中粗饲料短缺的矛盾。

此外，棉秸秆过腹还田，减少了秸秆废弃造成的浪费和焚烧造成的污染等问题，增加了有机肥和绿色有机农产品生产后劲，对改善农业生态环境和生态效益，建立良性生态循环有着积极的促进作用。

二、棉副产品饲料化利用的限制性因素及发展现状

（一）棉副产品饲料化利用的限制性因素

含有游离棉酚、类棉酚色素、环丙烯脂肪酸等物质，木质素、结晶纤维素和植物胶质成分含量高，农药残留、饲料加工设备落后、日粮科学搭配意识淡薄和棉花产业链不健全等均是影响棉副产品饲料化利用的因素。

1. 棉副产品含有游离棉酚、类棉酚色素、环丙烯脂肪酸等

游离棉酚是棉副产品中的主要抗营养因子，游离棉酚超过安全限量会导致牲畜生长迟缓、体重减轻、妊娠母畜流产和死胎等。猪、鸡等单胃动物对含游离棉酚的棉源饲料的耐受能力弱于反刍动物，反刍动物由于瘤胃微生物分泌出来的酵素可分解部分游离棉酚，成年畜对游离棉酚具有一定的耐受性，但幼畜仍然容易发生游离棉酚中毒现象。

游离棉酚、类棉酚色素、环丙烯脂肪酸可通过热处理、化学处理和微生物处理等方法部分脱除。

2. 棉副产品含有较高木质素

棉秸秆、棉籽壳等棉副产品中含有较高的木质素，直接饲喂牛羊，适口性差，消化率低，日粮中添加量过高，还会影响日粮中其他营养物质的消化利用。

畜牧生产中，可以通过粉碎、蒸汽爆破、氨化、碱化和微生物发酵等方法处理打断木质素与纤维素、半纤维之间存在的酯键和缩醛键，提高棉秸秆的利用效率，改善适口性。

3. 棉副产品中含有植酸、单宁等抗营养因子

植酸、单宁等抗营养因子普遍存在于植物的种子中，首先，棉籽、棉仁和棉籽饼粕中所含的植酸易与动物体内的微量元素锌、铁、钙等金属离子络合，形成溶解度较低的络合物，降低金属离子在机体的吸收利用；其次，植酸盐还能与蛋白质、淀粉、脂肪结合，使内源性的脂肪酶、蛋白酶、淀粉酶的活性降低。单宁则主要降低蛋白质的消化利用率。植酸对猪、鸡等单胃动物的影响较大，通常通过在日粮中添加植酸酶的方法解决。反刍动物由于瘤胃微生物可以分解植酸，对植酸具有一定的耐受性，但羔羊、犊牛易受植酸的影响，出现尿结石等症状。

植酸、单宁等抗营养因子也可以通过热处理、化学处理和微生物处理等方法部分除去。

4. 棉副产品农药残留

棉花是农药使用量最大的作物之一，棉花生产过程中施用杀虫剂、杀菌剂、除草剂、化学调节剂和催熟剂等多种有机磷、有机氯、有机氮类农药，其毒性高、残留时间长、降解难，是限制棉副产品饲料化利用的又一重要因素。催熟剂和脱叶剂由于在棉花种植的后期使用，在棉副产品上的残留概率更大。

目前，除棉籽、棉籽毛油和棉籽油外，对于其他棉副产品农药残留的相关研究较少。GB 2763—2019《食品中农药最大残留限量》中明确规定了棉籽、棉籽毛油和棉籽油的杀虫剂、杀菌剂、除草剂、杀菌剂和杀螨剂等农药的最大残留限量。张重庆和周文龙（2013）的研究指出棉花种植过程喷洒的农药，会随着自然环境的作用，有明显的衰减甚至完全降解、流失到环境。在自然环境下，敌草隆在棉纤维上的含量 28 d 内会衰减 87.9%，扑草净在棉纤维上的含量在 28 d 内会衰减 79.8%。新疆畜牧科学院饲料研究所采集棉花收获后 60 d 的棉秸秆、棉籽壳、全棉籽和棉仁饼检测农药残留发现，氯氰菊酯、溴氰菊酯和阿维菌素均未检出（表 1-3）。

表 1-3　棉副产品农药残留检测结果

项目	检测项目		
	氯氰菊酯（mg/kg）	溴氰菊酯（mg/kg）	阿维菌素（μg/kg）
棉秸秆	未检出	未检出	未检出
棉籽壳	未检出	未检出	未检出
全棉籽	未检出	未检出	未检出
棉仁饼	未检出	未检出	未检出

注：检出限为氯氰菊酯（GB/T 5009.110—2003）0.000 027 mg/kg；溴氰菊酯（GB/T 5009.110—2003）0.000 040 mg/kg；阿维菌素（GB/T 20769—2008）3.94 μg/ kg。

有机磷、有机氯、有机氮类农药残留也可以通过热处理、化学处理和微生物处理等方法除去，如扑草净在常压煮炼 2 h 后可降解 99.03%。

5. 棉副产品饲料化加工设备落后

随着我国农业机械化的不断推进，以秸秆收获机为代表的棉秸秆一次性收割粉碎机械，极大地降低了棉秸秆收获难度和收获成本，推进了棉秸秆饲料化的应用进程。然而，目前棉副产品的加工设备多为通用型秸秆类加工设备，自动化、专一性、精细化的设备还有待研发。鉴于棉副产品不同于其他饲料的特殊性，有必要针对性地开发饲料化加工设备和配套技术，以丰富棉副产品饲料化的利用方式。

6. 棉副产品生产产业链短、产业体系薄弱

棉副产品生产加工程度低，产业链条短，大多为初级和中间产品。饲料工业中主要以棉仁、棉籽饼粕等棉副产品的利用为主，对棉花机渣、棉籽壳和棉秸秆等副产品多以低廉的原料出售，没有形成一体化利用的产业链条，产业化利用方式缺乏。

7. 棉副产品日粮科学搭配意识淡薄

棉副产品中蛋氨酸等必需氨基酸含量低，且赖氨酸容易与游离棉酚结合形成复合体。再考虑到棉副产品中游离棉酚、木质素和植酸等因素，牛羊日粮中应注意棉副产品原料的科学搭配和添加比例的控制，以达到改善适口性，控制日粮游离棉酚总量，提高饲料转化效率和保持牲畜健康养殖的目的。

绵羊棉副产品配合日粮的钙磷比例宜控制在（1.5～2）∶1，肉牛棉副产品配合日粮的钙磷比例宜控制在（1～7）∶1。

（二）棉副产品饲料化利用现状

1. 现有标准允许日粮中游离棉酚的限定量

中国现行饲料卫生标准（GB 13078—2017）规定反刍动物精料补充料中游离棉酚允许量：犊牛≤100 mg/kg，其他阶段的牛≤500 mg/kg，羔羊≤60 mg/kg，其他阶段的山羊和绵羊≤300 mg/kg，不含棉籽饼粕的饲料和配合饲料≤20 mg/kg。欧盟规定了反刍动物日粮中游离棉酚允许量，犊牛≤100 mg/kg，其他阶段的牛≤500 mg/kg，

羔羊和小山羊≤60 mg/kg，其他阶段的山羊和绵羊≤300 mg/kg，不含棉籽饼粕的饲料和配合饲料≤20 mg/kg（表1-4）。美国棉籽产品协会限定反刍动物日粮中游离棉酚限量：0～3周龄时为100 mg/kg，3～24周龄时为200 mg/kg，大于24周龄时母畜为600 mg/kg，育种公畜为200 mg/kg。因此，在当前的畜牧业养殖中，棉副产品的饲料化利用应通过控制日粮配方的游离棉酚含量而调整棉副产品在牲畜日粮中的添加比例。

表1-4　动物饲料中游离棉酚的安全限量　　　　单位：mg/kg

	中国标准 GB 13078—2017		欧盟标准 2002/32/EC	
饲料原料	棉籽油	≤200	—	—
	棉 籽	≤5 000	棉 籽	≤5 000
	脱酚棉籽蛋白、发酵棉籽蛋白	≤400	—	—
	其他棉籽加工产品	≤1 200	棉籽饼和棉籽粉	≤1 200
	其他饲料原料	≤20	其他饲料原料	≤20
配合饲料	犊牛精料补充料	≤100	犊牛全价饲料	≤100
	其他牛精料补充料（犊牛除外）	≤500	牛（除犊牛）全价料	≤500
	羔羊精料补充料	≤60	羔羊、小山羊的全价料	≤60
	其他羊精料补充料（羔羊除外）	≤300	绵羊和山羊全价料（羔羊除外）	≤300
	猪（仔猪除外）、兔配合饲料	≤60	兔、猪（仔猪除外）的全价料	≤60
	家禽（产蛋禽除外）配合饲料	≤100	家禽（除蛋鸡）的全价料	≤100
	植物性、杂食性水产动物配合饲料	≤300	—	—
	其他水产配合饲料	≤150	—	—
	其他畜禽配合饲料	≤20	其他全价料	≤20

2. 全棉籽、棉仁和棉籽饼（粕）的饲料化利用现状

全棉籽、棉仁和棉籽饼（粕）是生产棉油的中间产品，工厂化生产程度高，来源、品质和营养成分等均较为稳定，通常作为蛋白饲料与其他饲料原料配合使用，是棉副产品中利用率最高，并且能够稳定进入饲料工业流程的饲料原料。

当前，全棉籽（图1-3）、棉仁和和棉籽饼粕（图1-4）应用较为普遍，在规模化养殖场、育肥养殖大户、养殖合作社/小区和庭院式小规模的散养农户中均有应用。利用方式主要分为：①与其他饲料混合后饲喂；②按棉源饲料中游离棉酚含量的5倍添加硫酸亚铁，与其他饲料混合后饲喂；③开水浸泡后，与其他饲料混合饲喂；④过粉碎机粉碎（利用粉碎机发热降解游离棉酚）后，与其他饲料混合后饲喂；⑤碱化处理后与其他饲料混合后饲喂；⑥氨化处理后与其他饲料混合后饲喂；⑦微贮处理后与其他饲料混合后饲喂；⑧经过粉碎机粉碎，与其他饲料混合、制粒后饲喂。

图1-3 全棉籽

图1-4 棉粕

3. 棉籽壳和棉花机渣的饲料化利用现状

棉花机渣是籽棉收获、加工成皮棉和毛棉籽过程中筛出的棉叶和棉桃壳等杂质的总称，根据工艺环节，又细分为采棉机渣（图1-5）和轧花机渣。棉籽壳是毛棉籽在榨油过程中，经过剥壳机分离棉仁，剩下的外壳（图1-6）。棉花机渣和棉籽壳作为棉花产业

链的下脚料，来源、品质和营养成分等均较为稳定，是牛羊养殖尤其是牛羊育肥中应用较为普遍的粗饲料。

当前，棉花机渣和棉籽壳的饲料化资源利用方式可分为：①与其他饲料混合后饲喂；②与其他饲料混合、制粒后饲喂；③碱化处理后与其他饲料混合后饲喂；④氨化处理后与其他饲料混合后饲喂；⑤微贮处理后与其他饲料混合后饲喂。

图 1-5　采棉机渣

图 1-6　棉籽壳

4. 棉秸秆的饲料化利用现状

相比于其他棉源副产品，棉秸秆是棉副产品中利用率最低的一种，这主要是由于棉秸秆中木质素含量较高、含有游离棉酚、有效营养成分释放程度低、加工利用价值不高等原因造成的。近年来，随着田间收获粉碎（图 1-7）、多元化预处理、日粮均衡调制和精准饲喂等技术的开发，棉秸秆在草食动物养殖业中的应用明显提升。

当前，棉秸秆的饲料化资源利用主要分为：①放牧利用（图 1-8）；②粉碎或揉丝粉碎，与其他饲料混合后饲喂；③粉碎后碱化，与其他饲料混合后饲喂；④粉碎后氨化，与其他饲料混合后饲喂；⑤粉碎后微贮（图 1-9），与其他饲料混合后饲喂；⑥粉碎后蒸汽爆破，与其他饲料混合后饲喂；⑦经粉碎或揉丝粉碎，与其他饲料配合、制粒后饲喂（图 1-10）。

图 1-7 棉秸秆田间粉碎

图 1-8 棉秸秆放牧利用

图 1-9 棉秸秆微贮

图 1-10 棉秸秆配合颗粒饲料

第二章
棉籽、棉仁和棉籽饼粕
饲料化利用技术

经人工或采棉机收获的棉花，俗称"籽棉"。籽棉经轧花，绒籽分离后分为皮棉、毛棉籽和机渣。本章主要阐述毛棉籽加工过程所产生的棉副产品饲料化利用技术。棉籽饼、棉短绒、光棉籽、棉籽壳、棉仁、棉仁饼粕和棉油均为毛棉籽加工过程中所产生的副产物。20世纪70年代，毛棉籽常不经脱绒破壳，采用土榨法榨油，所产生的副产物棉籽饼中残油量大，不仅出油率低，而且耗费大量人力；目前毛棉籽主要经脱绒机脱绒，剥壳机剥壳后产生棉短绒、棉籽壳和棉仁，棉仁通过浸提法脱油产生棉粕，压榨脱油获得棉仁饼，棉粕经脱酚处理后生产脱酚棉蛋白，工艺流程如图2-1所示。

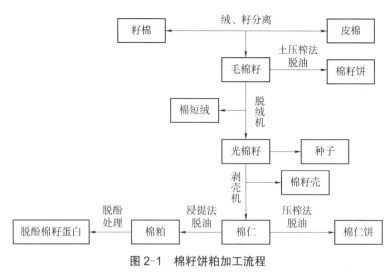

图 2-1　棉籽饼粕加工流程

第一节 全棉籽的饲料化利用技术

毛棉籽（含有短绒）和光棉籽（不含短绒）统称为棉籽（图 2-2 和图 2-3）。毛棉籽经脱短绒后称为光棉籽，主要用于种用。毛棉籽又称全棉籽，大部分用作榨油的原料，少部分作为饲料原料在畜牧生产中应用。本节主要介绍全棉籽的饲料化利用技术。

图 2-2 毛棉籽

图 2-3 光棉籽

一、全棉籽的营养价值

全棉籽包含棉短绒、棉壳和棉仁等三部分，具有高脂肪、高蛋白、高能量等特点。全棉籽的干物质含量为 90.00%～92.00%，粗蛋白质含量为 20.93%～26.00%，粗脂肪含量为 9.50%～23.80%，中性洗涤纤维含量为 40.00%～53.00%，酸性洗涤纤维含量为 26.00%～44.00%，灰分含量为 4.00%～5.00%，钙含量为 0.12%～0.21%，磷含量为 0.54%～0.68%，游离棉酚含量为 2 214～4 526 mg/kg（表 2-1）。奶牛生产中，全棉籽因棉壳保护可以使棉仁避免在瘤胃内降解而作为过瘤胃调控物质，用于提高乳脂率和产奶量。

表 2-1　全棉籽营养成分

项目	DM (%)	CP (%)	CF (%)	NDF (%)	ADF (%)	NFE (%)	EE (%)	ASH (%)	Ca (%)	P (%)	ME (Mcal/kg)	NEmf (Mcal/kg)	NE$_L$ (Mcal/kg)	数据来源
全棉籽	91.00	23.00	29.00	47.00	39.00	17.20	17.80	4.00	0.14	0.64	—	1.83*	1.95	中国饲料成分及营养价值表（2019 年第 30 版）
	91.00	23.00	29.00	47.00	39.00	17.20*	17.80	4.00	0.14	0.64	3.40	—	—	绵羊、山羊、鹿、骆驼饲料营养参数 NRC2007
	90.10	23.50	—	50.30	40.10	—	—	4.20	0.17	0.60	2.91	—	1.94	奶牛常用饲料营养成分 NRC2001
	91.00	23.00	26.39	47.00	39.00	19.81*	17.80	4.00	0.14	0.64	—	1.83*	—	牛、羊用饲料的典型养分（2008，2009）
	92.00	23.00	24.00	—	34.00	20.20*	20.00	4.80	0.21	0.64	—	2.12*	2.22	副产品饲料成分表（同7）
	92.00	23.00	—	40.00	—	—	17.50	—	0.16	0.62	—	2.08*	—	肉牛常用饲料成分表 NRC2000
光棉籽	90.00	24.00	18.00	40.00	29.00	21.80*	22.20	4.00	0.13	0.55	—	1.83*	—	牛、羊用饲料的典型养分（2008，2009）
	90.00	25.00	17.20	—	26.00	19.50*	23.80	4.50	0.12	0.54	—	2.12*	2.22	副产品饲料成分表（同7）
	90.00	24.00	20.00	40.00	29.00	19.80*	22.20	4.00	0.13	0.55	3.40	—	—	绵羊、山羊、鹿、骆驼饲料营养参数 NRC2007

（续）

项目	DM (%)	CP (%)	CF (%)	NDF (%)	ADF (%)	NFE (%)	EE (%)	ASH (%)	Ca (%)	P (%)	ME (Mcal/kg)	NEmf (Mcal/kg)	NEL (Mcal/kg)	数据来源
	92.00	26.00	32.00	53.00	44.00	19.50*	9.50	5.00	0.17	0.68	3.10	—	—	绵羊、山羊、鹿、骆驼饲料营养参数 NRC2007
全棉籽（挤压）	92.00	26.00	29.44	53.00	44.00	22.06*	9.50	5.00	0.17	0.68	—	—	—	牛、羊用饲料的典型养分（2008、2009）
	92.00	26.00	32.00	—	44.00	19.50*	9.50	5.00	0.17	0.68	—	1.87*	2.00	副产品饲料成分表

注：（1）DM，干物质含量；CP，粗蛋白质；EE，粗脂肪；CF，粗纤维；NDF，中性洗涤纤维；ADF，酸性洗涤纤维；NFE，无氮浸出物；ASH，粗灰分；Ca，钙；P，磷；ME，代谢能；NEmf，肉牛综合净能；NEL，泌乳净能；（2）表中数据除DM外，其他数据均为干物质为基础；（3）"*"表示数据为计算值；（4）NFE%计算方法：$NFE\% = DM - CP - CF - EE - Ash$；（5）NEmf计算方法：$NEmf(Mcal/kg) = DE \times Kmf$；$Kmf = Km \times Kf \times 1.5 / (Kf + 0.5 \times Km)$；$Km = 0.187\,5 \times (DE/GE) + 0.457\,9$；$Kf = 0.523 \times (DE/GE) + 0.005\,89$；$DE(MJ/kg) = 0.209 \times CP\% + 0.322 \times EE\% + 0.084 \times CF\% + 0.002 \times NFE\%^2 + 0.046 \times NFE\% - 0.627$；$GE(Mcal/kg) = 5.7 \times CP/100 + 9.5 \times EE/100 + (CF + NFE) \times 4.2/100$，1 Mcal ≈ 4.184 MJ。下表同。

二、全棉籽的加工调制技术

全棉籽因产地、品种、籽颗粒饱满度等因素的不同而导致其饲用品质具有一定差异，但现有的研究结果显示其在畜牧生产的主要限制性因素是含有游离棉酚。因此，全棉籽在饲料化利用时，除了检测营养成分外，还需测定游离棉酚含量，再根据测定结果精准调制配方或加工处理后再调整配方。当前，全棉籽的饲料化利用方式主要分为直接配合饲喂或破碎配合饲喂两种方式。

（一）全棉籽配合饲喂技术

（1）原理。全棉籽配合饲喂技术是利用全棉籽含棉短绒和棉壳的生理结构，使棉仁避免在瘤胃内降解而在皱胃或小肠中消化吸收利用，从而达到提高动物生产性能的目的。

（2）技术要点。控制全棉籽在动物日粮中的添加比例，控制方法有总游离棉酚控制法和适宜添加比例法两种，使用时，根据实际情况选择其中之一。

①日粮总游离棉酚含量控制。犊牛≤100 mg/kg，其他阶段的牛≤500 mg/kg，羔羊和小山羊≤60 mg/kg，其他阶段的山羊和绵羊≤300 mg/kg，育种公畜≤200 mg/kg。

②适宜添加比例。成年奶牛日粮中全棉籽添加量每头牛每天1.0～2.0 kg，不能高于2.5 kg，种公牛和犊牛料中禁用全棉籽，育肥牛全棉籽添加量不高于20%，研究表明育肥牛添加15%的日增重和瘤胃环境较好。羊生产中，育肥期绵羊日粮中全棉籽适宜添加量为6%～13%，以10%的添加水平效果最佳。种公羊和羔羊日粮不适宜添加全棉籽，妊娠期母羊和泌乳期母羊日粮全棉籽添加量不高于10%。

（3）操作步骤。全棉籽与其他饲料搭配使用，使全棉籽均匀地分散，相对稀释了全棉籽的游离棉酚含量，可提高饲料的安全性，降低饲喂成本。本节以育肥牛为例，按图2-4的示意图饲料化利用全棉籽。步骤如下：

①准备全棉籽、苜蓿、农作物秸秆、青贮玉米和混合精料等饲料原料。

②将饲料原料按"先干后湿，先粗后精"的原则，加入搅拌设备（如 TMR 机）混合均匀，或置于地面人工搅拌均匀。

③混合均匀的饲料直接饲喂，当日制作的饲料当日喂完。

图 2-4　全棉籽混合饲喂技术示意图

（4）注意事项。

①避免使用发霉的全棉籽。

②育肥畜、公畜日粮中添加全棉籽时，要严格控制全棉籽添加比例，以预防尿结石。

③日粮中添加其他棉副产品须控制日粮总游离棉酚含量。

（二）全棉籽破碎饲喂技术

（1）原理。全棉籽破碎饲喂技术是将全棉籽经粉碎处理，利用破碎机产生的热量使部分游离棉酚与蛋白质、氨基酸结合转变为结合棉酚，从而提高全棉籽的适口性和饲用安全性，提高饲料利用效率。破碎发热对游离棉酚的降解效率为 5% 左右。经人工破碎后的全棉籽的人工瘤胃消化率提高到 58.6 %。

（2）技术要点。控制全棉籽在动物日粮中的添加比例，控制方法有总游离棉酚控制法和适宜添加比例法两种，使用时，根据实际情况选择其中之一。

①日粮总游离棉酚含量控制。犊牛 ≤100 mg/kg，其他阶段的牛 ≤500 mg/kg，羔羊和小山羊 ≤60 mg/kg，其他阶段的山羊和绵羊 ≤300 mg/kg，育种公畜 ≤200 mg/kg。

②适宜添加比例。种公牛和犊牛日粮中禁止使用破碎全棉籽，成年母牛、奶牛日粮使用量不超过 20%，以添加 2 kg/（d·头）为宜，育肥牛也不宜超过 20%；种公羊、羔羊日粮中不适宜添加破碎全棉籽，育肥羊、妊娠期母羊和泌乳期母羊日粮破碎全棉籽添加量不超过 14%，以 10% 为宜。

③为保障全棉籽破碎的处理效果，前 15 min 粉碎的全棉籽应进行二次粉碎，以便达到利用破碎机发热降低全棉籽游离棉酚的作用。

（3）操作步骤。

相对于全棉籽配合饲喂技术，全棉籽破碎后，再与其他饲料搭配调制成日粮，其饲用安全性和饲喂效率均有所提高。本节以育肥羊为例，按图 2-5 饲料化利用破碎全棉籽。步骤如下。

①全棉籽预处理。全棉籽经揉丝粉碎机破碎（不过筛网），取揉丝粉碎机运行 15 min 后的粉碎全棉籽用作日粮配制。

②准备好预处理的破碎全棉籽、苜蓿、农作物秸秆、青贮玉米和精料等饲料原料备用。

③将饲料原料按"先干后湿，先粗后精"的原则，加入搅拌设备（如 TMR 机）混合均匀，或置于地面人工搅拌均匀。

④混合均匀的饲料直接饲喂，当日制作的饲料当日喂完。

（4）注意事项。

①全棉籽因含短绒，揉丝粉碎机破碎时易堵且易燃，破碎时要均匀少量投放。

②揉丝粉碎机破碎时不安装筛网，破碎效率为 40%～50%。

③破碎全棉籽易发生氧化，当日破碎当日用完。

④与其他棉副产品搭配使用时须控制日粮总游离棉酚含量。

全棉籽饲料化利用除以上两种方式外，为有效控制游离棉酚对牲畜的影响，还可考虑按游离棉酚含量的 5 倍添加硫酸亚铁螯合来消除全棉籽游离棉酚的不良影响。

全棉籽　　　　　　揉丝粉碎机破碎　　　　　50%全棉籽破碎

| 混合精料 | 青贮玉米 | 农作物秸秆 | 苜蓿 | 破碎全棉籽（50%破碎） |

饲料混合　　　　　　　　　饲喂

图2-5　全棉籽破碎技术工艺流程

第二节　棉仁的饲料化利用技术

棉仁是棉籽经剥壳机脱壳后的产品，一般用于制油。随着制油工艺的改进，棉粕中的蛋白含量可达到50%～60%。大部分脱壳的棉仁作为榨油工业的原料利用，少量的棉仁粉（如筛下物）作为饲料原料在畜牧业中应用。棉籽脱壳过程中可产生5%～10%的棉仁粉。

一、棉仁的营养价值

棉仁是一种营养价值较高的蛋白类和能量类饲料，干物质含量为88.40%～94.62%，粗蛋白质含量为39.89%～47.11%，粗脂肪含量为16.96%～29.10%，中性洗涤纤维含量为2.20%～9.00%，酸性洗涤纤维含量为1.50%～6.32%，游离棉酚含量为4 978.47～6 340.00 mg/kg（长绒棉棉仁8 473～11 968 mg/kg）。棉仁营养成分详见表2-2。

表 2-2 棉仁营养成分

项目	DM (%)	CP (%)	CF (%)	NDF (%)	ADF (%)	NFE (%)	EE (%)	ASH (%)	Ca (%)	P (%)	ME	NEmf (Mcal/kg)	NE$_L$	数据来源
棉仁	88.40	40.90	3.90	—	—	12.50*	27.40	3.70	—	—	3.51*	1.63*	2.24*	李园成等(2020)
	90.55	44.38	—	—	—	—	—	—	—	—	—	—	—	昌吉
	—	43.02	—	—	—	—	—	—	—	—	—	—	—	芳草湖
	92.36	42.23	—	—	—	—	—	—	—	—	—	—	—	阿拉尔
	92.24	42.70	—	—	—	—	—	—	—	—	—	—	—	阿克苏
	—	43.35	—	—	—	—	25.71	—	—	—	—	—	—	新疆农业科学院
	93.66	46.58	1.02	—	—	12.11*	28.76	5.19	—	—	3.62*	1.73*	2.35*	饲料公司

注：(1) ME计算方法：ME（MJ/kg）=6.943-0.101INDF%+0.704GE%-0.101ADF%+0.138OM%+0.032CP%；(2) NE$_L$计算方法：NE$_L$（MJ/kg）=0.102 5×TDN%-0.502，TDN%=1.15×CP%+1.75×EE%+0.45×CF%+0.008 5×NDF%+0.25×NFE%-3.4。(3) *表示数据为计算值。下表同。

二、棉仁的加工调制技术

棉仁的游离棉酚高达 3 149～6 340 mg/kg，究其原因是棉仁含有球状色素腺体这个游离棉酚集中器官。因此，棉仁饲料化利用时，应先测定棉仁的游离棉酚含量，再根据游离棉酚含量精准调制配方或加工处理后再调制配方。当前，棉仁的饲料化利用方式主要分为混合饲喂和浸泡饲喂两种方式。

（一）棉仁混合饲喂技术

（1）原理。棉仁混合饲喂技术是将棉仁作为优质蛋白类饲料，或利用能值（含油脂）高的特性按一定比例添加到动物日粮中进行畜牧业生产的技术。

（2）技术要点。棉仁在动物日粮的最大添加量，可根据日粮总游离棉酚含量控制法计算使用；棉仁在动物日粮的适宜添加比例应从饲料营养价值与生物学特性、日粮安全性等方面综合考虑，推荐使用适宜添加比例法。

①日粮总游离棉酚含量控制法。犊牛≤100 mg/kg，其他阶段的牛≤500 mg/kg，羔羊和小山羊≤60 mg/kg，其他阶段的山羊和绵羊≤300 mg/kg，育种公畜≤200 mg/kg。

②适宜添加比例。种公牛和犊牛料中禁用棉仁，成年奶牛日粮中棉仁添加量每头牛每天 0.8～1.7 kg，不能高于 2.1 kg，育肥牛棉仁添加量不高于 10%。羊生产中，羔羊和种公羊日粮不适宜添加棉仁，育肥期绵羊日粮中棉仁添加量不超过 7%，妊娠母羊和泌乳期绵羊日粮中棉仁的添加量不高于 4%。

（3）操作步骤。将棉仁与其他饲料搭配混合后，可使棉仁均匀地分散，相对稀释了棉仁中游离棉酚的含量，提高了日粮的安全性。本节以育肥牛为例，按图 2-6 进行操作。步骤如下。

①按育肥牛精料配方，准确称量棉仁、玉米、麸皮、豆粕、小苏打、食盐、预混料等，先将小苏打、预混料和食盐等用量比较少的原料，与麸皮等大料按"逐级放大"的原则混合均匀后，再与棉仁、玉米和豆粕等饲料混合，制备成混合精料备用。

②按育肥牛日粮配方，准确称量苜蓿、农作物秸秆、青贮玉米和混合精料，按"先干后湿，先粗后精"的原则，加到 TMR 机中或人工搅拌，混合均匀。

③混合均匀的饲料直接饲喂，当日制作的饲料当日喂完。

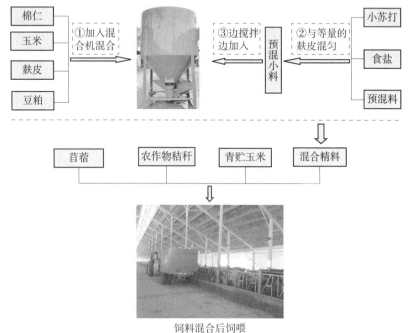

饲料混合后饲喂

图 2-6　棉仁混合饲喂技术示意

（4）注意事项。

①棉仁因含油脂易被氧化，建议采购脱壳不久的棉仁，尽量分批次购进；棉仁市场供给充裕时，一般采购一周左右的棉仁为宜；如果市场供给有时节性时，建议棉仁分袋密封贮存，防止酸败和被氧化。

②日粮中添加棉仁时，要严格控制棉仁添加比例，预防尿结石。

③日粮中添加其他棉副产品须控制日粮总游离棉酚含量。

④可添加棉仁所含游离棉酚含量 5 倍的硫酸亚铁作为小料，经混合后起到降解游离棉酚的作用。

（二）棉仁沸水浸泡饲喂技术

（1）原理。棉仁浸泡饲喂技术是将沸水倒入棉仁中浸泡 3～4 h，棉仁内的游离棉酚受热与蛋白质和氨基酸结合变为结合棉酚，从而提高棉仁的饲用安全性和饲喂效率。沸水浸泡对游离棉酚的降解效率约为 60%～70%。

（2）技术要点。棉仁在动物日粮的最大添加量，可根据日粮总游离棉酚含量控制法计算；棉仁在动物日粮的适宜添加比例应从棉仁营养价值与生物学特性、日粮安全性等方面综合考虑。

①日粮总游离棉酚含量控制法。犊牛≤100 mg/kg，其他阶段的牛≤500 mg/kg，羔羊和小山羊≤60 mg/kg，其他阶段的山羊和绵羊≤300 mg/kg，育种公畜≤200 mg/kg。

②适宜添加比例。犊牛日粮中不建议使用沸水浸泡棉仁，成年母牛日粮使用量不超过 12.5%，育肥牛也不宜超过 12.5%；羔羊不建议使用沸水浸泡棉仁，种公羊使用量不宜超过 2.5%；育肥羊日粮沸水浸泡棉仁添加量不超过 8.0%；妊娠期母羊和泌乳带羔母羊日粮中棉仁含量不超过 6.5%。

（3）操作步骤。棉仁经沸水浸泡后，既降解了游离棉酚，又熟化了蛋白等营养物质，使棉仁的饲喂效率和饲用安全性更好。本节以农户舍饲绵羊为例，按示意图 2-7，沸水浸泡棉仁与其他饲料混合后饲喂。步骤如下。

①将棉仁放置在盆中，将沸水浇到棉仁上，适当搅拌使沸水刚好淹没过棉仁，放置 3～4 h。

②将沸水浸泡过的棉仁和混合精料均匀的撒到苜蓿、田间杂草和农作物秸秆等粗饲料上，人工搅拌，混合均匀。

③拌好的饲料直接饲喂，当日制作的饲料当日喂完。

（4）注意事项。

①沸水浸泡棉仁应当日用完，避免发霉或变质。

②沸水浸泡棉仁可单独饲喂或与其他精料混合后饲喂。

③日粮中添加其他棉副产品须控制日粮总游离棉酚含量。

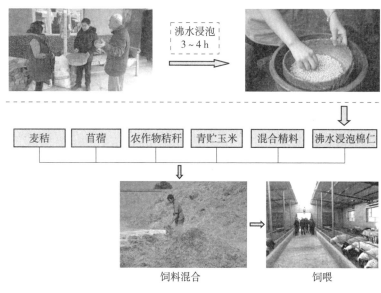

图 2-7　棉仁沸水浸泡饲喂技术示意

第三节　棉籽饼（粕）的饲料化利用技术

棉籽饼（粕）是棉籽榨油后的副产物，棉籽经物理压榨后剩余的副产物为棉籽饼，棉籽经浸提法加工后的副产物为棉籽粕。棉籽饼（粕）的营养价值因品种、产地、棉籽质量、脱壳程度和加工处理方式不同而存在较大差异，棉籽饼（粕）蛋白质含量一般在30%～50%，而最先进的加工工艺，通过脱壳、优选棉仁、浸提，可使棉粕的蛋白质含量达到50%～60%。随着现代榨油工艺的改进，棉籽油（GB/T 1537—2019）的游离棉酚含量的最大允许含量为：一级和二级棉油≤50 mg/kg，三级棉油≤200.00 mg/kg。棉油中游离棉酚含量的降低，相应棉籽饼（粕）中游离棉酚的含量升高。因此，使用棉籽饼（粕）前应对其进行适当的处理，以便降低游离棉酚等抗营养因子对饲用价值的影响。

一、棉籽饼（粕）的营养价值

棉籽饼（粕）的产品质量主要受榨油工艺、脱壳程度和棉籽质量等因素的影响。浸提法棉粕中残油量较压榨法低，故能值较低，蛋白质含量相对较高。

棉籽饼的干物质含量为 88.00%～93.00%，粗灰分含量为 5.70%～7.00%，粗蛋白质含量为 36.30%～46.00%，粗脂肪含量为 5.00%～7.40%，中性洗涤纤维含量为 31.00%～32.10%，酸性洗涤纤维含量为 18.00%～22.90%，钙含量为 0.20%～0.21%，磷含量为 0.83%～1.19%，游离棉酚含量为 120～1 568 mg/kg，平均值为 682.10 mg/kg。

棉粕的干物质含量为 90.00%～93.00%，粗灰分含量为 6.00%～7.10%，粗蛋白质含量为 43.50%～54.00%，粗脂肪含量为 0.50%～5.00%，中性洗涤纤维含量为 20.25%～30.80%，酸性洗涤纤维含量为 12.00%～19.90%，钙含量为 0.16%～0.28%，磷含量为 0.76%～1.25%，游离棉酚含量为 340～716 mg/kg，平均值为 518.5 mg/kg。具体游离棉酚含量及营养成分见表 2-3 和表 2-4。

表 2-3 不同加工工艺对棉籽饼粕游离棉酚含量的影响

棉籽饼粕	样本数	平均值（mg/kg）	标准差（mg/kg）	变异系数	范围（mg/kg）
压榨饼	74	682.10	334.40	49.00	129～1 568
压榨浸提粕	23	433.30	208.70	48.20	66～896
浸出粕	4	518.50	161.80	31.20	340～716
土榨饼	16	1 580.00	1 105.00	69.90	844～4 500

数据来源：吕云峰等，2010。

表 2-4　棉籽饼（粕）营养成分

项目		DM (%)	CP (%)	CF (%)	NDF (%)	ADF (%)	NFE (%)	EE (%)	ASH (%)	Ca (%)	P (%)	ME	NEmf	NE$_L$	数据来源
												(Mcal/kg)			
棉籽饼		88.00	36.30	12.50	32.10	22.90	26.10	7.40	5.70	0.21	0.83	3.80*	1.50*	1.58	中国饲料成分及营养价值表（2019 年第 30 版）
		92.00	46.00	13.00	31.00	18.00	21.00*	5.00	7.00	0.21	1.19	—	—	—	绵羊、山羊、鹿、骆驼饲料营养参数 NRC2007
		92.00	46.00	—	31.00	18.00	—	5.00	7.00	0.20	1.19	—	—	—	牛、羊用饲料的典型养分（2008, 2009）
		93.00	44.30	12.80	—	20.00	24.30*	5.00	6.60	0.21	1.16	—	1.59*	1.78	副产品饲料成分表（2017）
棉籽粕		92.00	44.00	—	28.00	—	—	5.00	—	0.16	0.76	—	1.59*	—	肉牛常用饲料成分表 NRC2000
		90.00	48.00	13.00	25.00	17.00	20.20*	1.80	7.00	0.22	1.25	2.80	—	—	绵羊、山羊、鹿、骆驼饲料营养参数 NRC2007
		90.00	47.00	10.20	22.50	15.30	26.30	0.50	6.00	0.25	1.10	—	1.49*	—	中国饲料成分及营养价值表（第 30 版）
		90.00	43.50	10.50	28.40	19.40	28.90	0.50	6.60	0.28	1.04	—	1.48*	—	中国饲料成分及营养价值表（第 30 版）

（续）

项目	DM（%）	CP（%）	CF（%）	NDF（%）	ADF（%）	NFE（%）	EE（%）	ASH（%）	Ca（%）	P（%）	ME	NEmf	NE$_L$	数据来源
											\multicolumn{3}{c}{（Mcal/kg）}		
棉籽	91.00	45.60	14.10	—	19.00	23.00*	1.30	7.00	0.22	1.21	—	1.56*	1.74	副产品饲料成分表（2017）
	93.00	54.00	8.80	—	12.00	21.70*	1.40	7.10	0.19	1.24	—	1.52*	1.72	副产品饲料成分表（2017）
粕	90.00	48.00	—	25.00	17.00	—	1.80	7.00	0.22	1.25	—	—	—	牛、羊用饲料的典型养分（2008，2009）
	90.50	44.90	—	30.80	19.90	—	—	6.70	0.20	1.15	2.70	1.58*	1.61	奶牛常用饲料营养成分 NRC2001

注：同表 2-2。

二、棉籽饼（粕）的加工调制技术

棉籽饼（粕）饲料化利用的主要限制性因素是含有游离棉酚，由于对棉油中游离棉酚的控制，致使榨油副产物棉籽饼（粕）中的游离棉酚含量相对较高。因此，棉籽饼（粕）饲料化利用时，应先测定棉籽饼（粕）的游离棉酚含量，游离棉酚含量高的（≥400 mg/kg）棉籽饼（粕）应适当处理后再确定其在日粮中的添加比例。

当前，棉籽饼（粕）的饲料化利用方式主要分为适宜添加饲喂、硫酸亚铁预混饲喂、沸水浸泡饲喂、粉碎饲喂和微生物发酵饲喂等五种方式。棉籽饼（粕）沸水浸泡饲喂技术与"棉仁沸水浸泡饲喂技术"原理、操作方法相同，参照"棉仁沸水浸泡饲喂技术"操作即可。本节重点阐述棉籽饼（粕）适宜添加饲喂技术、棉籽饼（粕）硫酸亚铁预混饲喂技术、棉籽饼（粕）粉碎饲喂技术和棉籽饼（粕）微生物发酵饲喂技术。

（一）棉籽饼（粕）适宜添加饲喂技术

（1）原理。棉籽饼（粕）适宜添加饲喂技术是将棉籽饼（粕）按适宜比例添加到动物日粮中进行畜牧业安全生产的技术。

（2）技术要点。棉籽饼（粕）适宜添加饲喂技术适合不同规模的养殖场，关键点是控制日粮总游离棉酚含量和棉籽饼（粕）添加比例。饲喂时，根据实际情况选其中之一。

①日粮总游离棉酚含量控制。犊牛≤100 mg/kg，其他阶段的牛≤500 mg/kg，羔羊和小山羊≤60 mg/kg，其他阶段的山羊和绵羊≤300 mg/kg，育种公畜≤200 mg/kg。

②按日粮适宜添加比例。种公牛日粮中，不建议使用棉籽饼粕；犊牛可少量添加但不能超过5%；成年母牛添加量一般不超过15%或日喂量不超过1.4～1.8 kg。羊生产中，泌乳期绵羊以及生长期绵羊不超过10%，奶山羊不超过15%；羔羊和种公羊使用不超过5%。具体添加量参考表2-5。

表 2-5　畜禽日粮中棉粕推荐用量以及游离棉酚摄入量

畜禽种类	日粮棉籽粕含量（%）	游离棉酚摄入量（mg/d）	日粮游离棉酚含量（mg/kg）	游离棉酚摄入量[（mg/（d·kg）]
生长猪	2.5	111	30	1.1
母猪	5	390	1.6	1.6
肉鸡	2.5	4.5	30	2.1
产蛋肉鸡	0	0	0	0
鱼	2.5	2.7	30	0.6
奶牛	15	2900	130	4.4
哺乳牛	15	1000	64	1.9
生长期牛	20	1100	136	3.6
泌乳期羊	10	205	114	2.9
生长期绵羊	10	61	102	3.1
奶山羊	15	307	140	4.7

数据来源：吕云峰等，2010。

（3）操作步骤。将棉籽饼（粕）与其他饲料搭配混合后饲用，可以使棉籽饼（粕）均匀地分散，相对稀释了棉籽饼（粕）中游离棉酚含量，提高日粮的安全性和饲喂效率。棉籽饼（粕）直接添加到家畜日粮中饲用，牛羊等反刍家畜的安全添加量高于猪鸡等单胃动物，成年母畜的利用量又高于公畜和幼畜。直接添加饲用棉籽饼（粕）一定要按牲畜品种、生理阶段，控制添加比例，否则会导致尿结石、生长缓慢等不良症状。本节以生产母羊为例，按图 2-8 的示意，饲料化利用棉籽饼（粕）。步骤如下。

①按生产母羊精料配方，准确称量棉籽饼（粕）、玉米、麸皮、豆粕、小苏打、食盐、预混料等，先将小苏打、预混料和食盐等量比较少的原料与麸皮等，按"逐级放大"的原则混合均匀后，再与棉籽饼（粕）、玉米和豆粕等饲料混合，制备成混合精料备用。

②按生产母羊日粮配方，准确称量苜蓿、农作物秸秆、青贮玉米等粗饲料和混合精料，按"先干后湿，先粗后精"的原则，加入搅拌设备（如 TMR 机）混合均匀，或置于地面人工搅拌均匀。

③混合均匀的饲料直接饲喂，当日制作的饲料当日喂完。

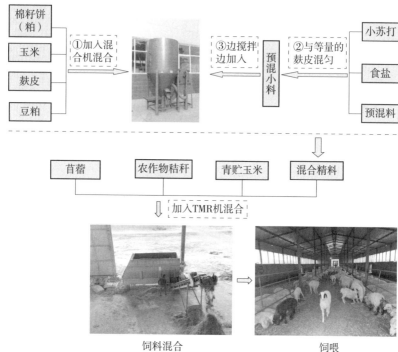

图2-8 棉籽饼（粕）适宜添加饲喂技术示意

（4）注意事项。

①棉籽饼（粕）在牲畜中饲用时，要严格控制添加比例。

②日粮中添加其他棉副产品时须注意控制日粮总游离棉酚含量。

③棉籽饼（粕）饲喂母羊时，须考虑羔羊可能采食饲料，注意预防羔羊尿结石。

④贮存时要做好通风换气、防潮、防鼠害等工作。

（二）棉籽饼（粕）硫酸亚铁预混饲喂技术

（1）原理。棉籽饼（粕）硫酸亚铁预混饲喂技术是按棉籽饼（粕）的游离棉酚含量的5倍添加硫酸亚铁混合后添加到家畜日粮，进行畜牧安全生产的技术。硫酸亚铁对棉籽饼（粕）游离棉酚的脱除率为 80%～90%。

（2）技术要点。棉籽饼（粕）硫酸亚铁预混饲喂技术适合不同规模的养殖场，关键点是按比例添加螯合剂硫酸亚铁，并混合均匀。饲用时，根据实际情况选其中之一。

①按实际测量值添加。按测定的棉籽饼（粕）的游离棉酚含量的 5 倍添加硫酸亚铁，混合均匀后饲用。

②按适宜比例添加。硫酸亚铁预混的棉籽饼粕在成年母牛日粮中使用量不超过全日粮的 25% 为宜；育肥牛日粮中，硫酸亚铁预混的棉籽饼粕可占全价料的 30%；犊牛开食料可少量添加至 10%。羊生产中，育肥羊可在全价日粮添加至 20%，妊娠期母羊和泌乳期母羊不超过 20%，羔羊和种公羊使用不超过 10%。

（3）操作步骤。棉籽饼（粕）与硫酸亚铁混合均匀后，再与其他饲料混合后饲用。利用硫酸亚铁螯合棉籽饼（粕）中的游离棉酚，提高日粮的安全性和饲喂效率。此方法除要增加成本外，饲用方便且脱除效果好。本节以育肥羊为例，按图 2-9 的示意，饲料化利用棉籽饼（粕）。步骤如下。

①硫酸亚铁在潮湿空气中易氧化，故其应密封、防潮贮存。

②为避免硫酸亚铁的氧化损失，新购买的硫酸亚铁可按比例与棉籽饼（粕）混合均匀后备用。

③按育肥羊精料配方，准确称量硫酸亚铁处理的棉籽饼（粕）、玉米、麸皮、小苏打、食盐、预混料等，先将小苏打、预混料和食盐等用量少的原料，按"逐级放大"的原则混合均匀后，再与硫酸亚铁处理的棉籽饼（粕）、玉米和麸皮等饲料混合，制备成混合精料备用。

④按育肥羊日粮配方，准确称量苜蓿、农作物秸秆、青贮玉米和混合精料，按"先干后湿，先粗后精"的原则，加入搅拌设备（如 TMR 机）混合均匀，或置于地面人工搅拌混合均匀。

⑤混合均匀的饲料直接饲喂，当日制作的饲料当日喂完。

（4）注意事项。

①硫酸亚铁与棉籽饼（粕）混合方式遵循"逐级放大"原则。

②日粮中添加其他棉副产品须控制日粮总游离棉酚含量或额外增加硫酸亚铁添加量。

③棉籽饼（粕）的游离棉酚含量与硫酸亚铁的添加比例为1：5。

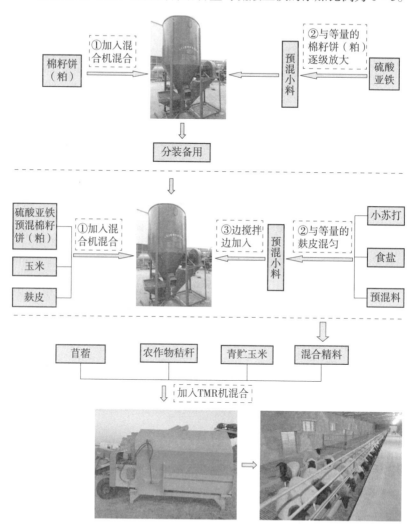

饲料混合后饲喂

图2-9 棉籽饼（粕）硫酸亚铁预混饲喂技术示意

（三）棉籽饼（粕）粉碎饲喂技术

（1）原理。棉籽饼（粕）粉碎饲喂技术是利用粉碎机产生的热量使部分游离棉酚与蛋白质、氨基酸结合转变为结合棉酚，从而提高棉籽饼（粕）的饲用安全性和饲料利用效率。粉碎机运行发热对棉籽饼（粕）中游离棉酚的降解效率为 15%～25%。

（2）技术要点。

①前 15 min 粉碎的棉籽饼（粕）应进行二次粉碎，以便达到利用粉碎机发热降低游离棉酚的目的。

②适宜添加比例。破碎棉籽饼粕在犊牛日粮中不超过 5%，育肥牛日粮中不超过 20%，成年母牛日粮中不超过 20%；羊生产中，妊娠期母羊和泌乳期母羊日粮破碎棉籽饼粕的使用量不超过 15%，育肥羊日粮添加量不超过 15%，羔羊和种公羊使用不超过 5%。

（3）操作步骤。棉籽饼（粕）粉碎工艺过程简单、易操作，只需粉碎机即可操作。过粉碎机的棉籽饼（粕）再与其他饲料混合，搭配调制成全混合日粮可提高饲用安全性和饲喂效率。本节以生产母羊为例，按图 2-10 的示意，饲料化利用过粉碎机的棉籽饼（粕），步骤如下：

①棉籽饼（粕）粉碎预处理。棉籽饼（粕）经粉碎机粉碎过2.5 mm 筛网，粉碎机运行 15 min 后粉碎的棉籽饼（粕）可用于配制日粮。

②按生产母羊精料配方，准确称量过粉碎机的棉籽饼（粕）、玉米、麸皮、豆粕、小苏打、食盐、预混料等，先将小苏打、预混料和食盐等量比较少的原料，与麸皮等按"逐级放大"的原则混合均匀后，再与棉籽饼（粕）、玉米和豆粕等饲料混合，制备成混合精料备用。

③按生产母羊日粮配方，准确称量苜蓿、农作物秸秆、青贮玉米和混合精料，按"先干后湿，先粗后精"的原则，加入搅拌设备（如 TMR 机）混合均匀，或置于地面人工搅拌均匀。

④混合均匀的饲料直接饲喂，当日制作的饲料当日喂完。

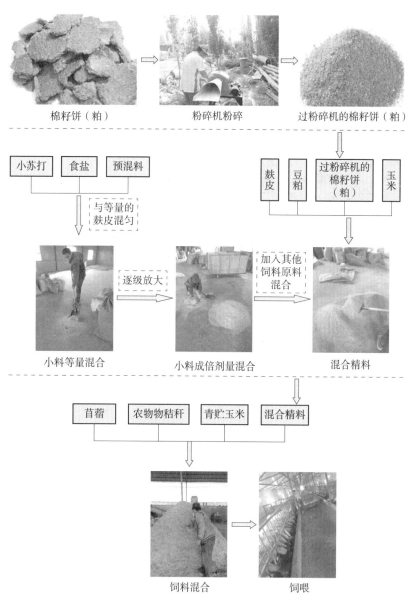

图 2-10　棉籽饼（粕）粉碎饲喂技术工艺流程

（4）注意事项。

①粉碎机安装筛网粉碎时，要均匀投料，投料过快易堵塞。

②粉碎机运行发热后，才能起到脱除游离棉酚的作用。

③与其他棉副产品搭配饲用时须控制日粮总游离棉酚含量。

（四）棉籽饼（粕）微生物发酵饲喂技术

（1）原理。棉籽饼（粕）微生物发酵饲喂技术是在棉籽饼（粕）中加入糖原和微生物菌剂（菌悬液），经过密封厌氧发酵而转化、降解部分游离棉酚，制成具有酸香味、家畜喜食饲料的技术。微生物发酵脱毒主要原理是微生物可分泌降解棉酚类物质的酶类，从而分解、利用游离棉酚，同时，微生物发酵过程中分泌的氨基酸与游离棉酚结合而形成结合棉酚，从而降低游离棉酚的含量。微生物发酵棉籽饼（粕）对游离棉酚的降解效率为49%～90%。

（2）技术要点。

①棉籽饼（粕）微生物发酵工艺主要包括微生物菌剂添加、棉籽饼（粕）装填、压实、密封发酵等过程。

②发酵棉籽饼（粕）制备完成后，要依据每日的饲喂量和饲喂次数随用随取，避免二次发酵和杂菌污染。

③适宜添加比例。育肥猪日粮发酵棉粕用量不超过10%，仔猪不超过5%，母猪和种公猪不建议使用；肉鸡日粮发酵棉粕用量不超过10%，蛋鸡不超过15%；成年母牛日粮中发酵棉粕不超过20%，育肥牛不超过30%，犊牛可少量添加至10%。羊生产中，育肥羊日粮中发酵棉粕用量不超过20%，妊娠期母羊和泌乳期母羊不超过20%，羔羊和种公羊使用不超过日粮10%。

（3）操作步骤。棉籽饼（粕）微生物发酵因需添加菌剂和底物，并形成密闭环境进行厌氧发酵，需要较为严格的操作技术。微生物发酵降解游离棉酚的效果受菌剂种类、底物、棉籽饼（粕）预处理方式和发酵时间等多种因素影响。本节介绍一种操作较简便的微生物发酵棉籽饼（粕）处理方式及微生物发酵棉籽饼（粕）日粮调配方式（图2-11）。步骤如下：

①棉籽饼（粕）微生物发酵处理。棉籽饼（粕）微生物发酵处理工艺可根据实际情况二选一。

方法1：将微生物发酵菌剂（如M81微生态制剂）按1%～2%比例与棉籽饼（粕）混合均匀后，密封发酵7 d，游离棉酚的降解率为49.6%。

方法2：取70%的棉籽饼（粕）、20%的玉米面和10%的小麦麸备用，按棉籽饼（粕）、玉米面和小麦麸三者混合重量的0.2%添加微生物发酵菌剂（如EM菌），混合均匀后，密封发酵3 d，游离棉酚的降解率为65%。

②按生产母羊精料配方，准确称量玉米、麸皮、豆粕、小苏打、食盐、预混料等，先将小苏打、预混料和食盐等原料，按"逐级放大"的原则混合均匀后，再与麸皮、玉米和豆粕等饲料混合，制成混合精料备用。

③按生产母羊日粮配方，准确称量苜蓿、农作物秸秆、青贮玉米、微生物发酵棉籽饼（粕）和混合精料，按"先干后湿，先粗后精"的原则，加入搅拌设备（如TMR机）混合均匀，或置于地面人工搅拌均匀。

④混合均匀的饲料直接饲喂，当日制作的饲料当日喂完。

（4）注意事项。

①微生物发酵棉籽饼（粕）时环境温度25～30℃为宜。

②棉籽饼（粕）经粉碎等物理方式处理后再进行微生物发酵，游离棉酚脱除效果更好。

③微生物发酵棉籽饼（粕）因含水量较大，开袋后尽快用完，防止霉变。

④棉副产品搭配使用时须控制日粮总游离棉酚含量。

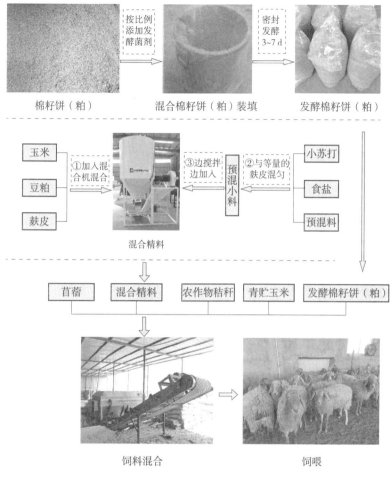

棉籽饼（粕） ——按比例添加发酵菌剂—→ 混合棉籽饼（粕）装填 ——密封发酵3~7 d—→ 发酵棉籽饼（粕）

玉米 / 豆粕 / 麸皮 ——①加入混合机混合—→ 混合精料 ←—③边搅拌边加入— 预混小料 ←—②与等量的麸皮混匀— 小苏打 / 食盐 / 预混料

苜蓿 | 混合精料 | 农作物秸秆 | 青贮玉米 | 发酵棉籽饼（粕）

饲料混合 → 饲喂

图 2-11　棉籽饼（粕）微生物发酵饲喂技术工艺流程

（五）棉籽饼（粕）的复合处理技术

对棉籽饼（粕）的处理技术可分为物理法、化学法和生物法。物理法主要包括高温蒸煮、蒸汽加热加压、挤压膨化、微波处理、混合溶剂萃取法等；化学法主要包括硫酸亚铁螯合法、碱化处理、氨化处理和氧化法等；生物法主要指微生物生物发酵处理。单一方法处理的效果均不够理想，将几种处理方法组合起来会起到事半功倍的效果。

本书编写的初衷是为广大基层人员介绍棉副产品饲料化利用技术，因此本节对需特种设备的加工处理方式：如蒸汽加热加压、挤压膨化、微波处理、混合溶剂萃取、碱液处理等不做赘述。本节重点推荐几种棉籽饼（粕）的复合处理方式，读者可根据实际情况参考使用。

（1）粉碎＋沸水浸泡法。棉籽饼（粕）提前粉碎备用，饲喂前取所需量的粉碎棉籽饼（粕），加入沸水浸泡3～4 h，再制成混合日粮饲喂牛羊。该法对棉籽饼（粕）游离棉酚含量的脱除率在70%以上。

（2）粉碎＋硫酸亚铁螯合法。取粉碎好的棉籽饼（粕），按饲用量的0.34%～0.78%添加硫酸亚铁，混合均匀后，再制成混合日粮饲喂牛羊。该法对棉籽饼（粕）的游离棉酚的脱除率在80%以上。

（3）粉碎＋硫酸亚铁螯合＋沸水浸泡法。棉籽饼（粕）提前粉碎备用，饲喂前取所需量的粉碎棉籽饼（粕），添加0.14%～0.33%的硫酸亚铁后，加入煮开的沸水浸泡3～4 h，该法对棉籽饼（粕）的游离棉酚的脱除率在90%以上。

（4）粉碎＋微生物发酵法。取粉碎好的棉籽饼（粕），添加微生物发酵菌剂，发酵3～7 d，再制成混合日粮饲喂牛羊。该法对棉籽饼（粕）的游离棉酚的脱除率在70%～95%。

（5）粉碎＋硫酸亚铁＋微生物发酵法。取粉碎好的棉籽饼（粕），按用量的0.14%～0.18%添加硫酸亚铁，混合均匀后，添加微生物发酵菌剂，发酵3～7 d，再制成混合日粮饲喂牛羊。该法对棉籽饼（粕）的游离棉酚的脱除率在95%以上。

此外，棉籽饼（粕）经膨化机挤压膨化后，每100 kg加入0.5 kg硫酸亚铁和0.5 kg生石灰，混合均匀后加100 kg水浸泡2～4 h，再制成混合日粮饲喂牛羊。此种复合处理法对棉籽饼（粕）的游离棉酚的脱除率可达到84%～98%。

第三章
棉籽壳和棉花机渣饲料化利用技术

随着我国农业机械现代化的推进，与棉花采收、加工等过程相关的设备日益完善，机械的使用使得籽棉在一系列加工处理过程中产生了大量的棉籽壳和棉花机渣，为畜牧生产提供了新的饲料来源。较人工采棉方式，采棉机收获棉花（籽棉）因通过吸力和粘辊而产生较人工采棉方式 10 倍的采棉机渣（含棉叶、细枝、短绒和棉桃壳等）。籽棉进入轧花厂后，首先，经重杂质沉积器除杂产生第一部分轧花机渣（包含棉桃壳、不孕籽、僵瓣棉、棉茎、棉叶和杂草等大颗粒杂质）；其次，籽棉通过绒、籽分离器产生皮棉和毛棉籽；随后，皮棉再通过联合清理产生第二部分轧花机渣（包含棉叶、小棉杆、细茎、杂草和灰尘等小颗粒杂质），毛棉籽经剥壳机后产生棉籽壳和棉仁（图 3-1）。本章主要阐述棉籽壳、采棉机渣和轧花机渣的饲料化利用技术。

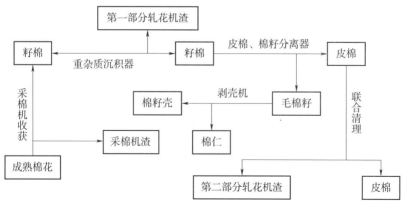

图 3-1　棉籽壳及棉花机渣生产流程

第一节 棉籽壳的饲料化利用技术

棉籽壳是毛棉籽经剥壳机剥壳取棉仁榨油过程的副产物，其产品质量受剥壳机械的类型、籽棉品种、产地、棉籽壳大小、颜色和棉绒长度等因素的影响。棉籽壳因含棉短绒、少量棉仁，畜牧生产中通常将其作为粗饲料加以利用。生产中常根据棉籽壳的大小分为大壳、中壳和小壳，或根据棉绒量的多少，分为大绒壳、中绒壳、小绒壳和铁壳（绒极少）。棉籽壳的优劣与混入棉仁的量有关，混入棉仁的量多则棉籽壳质量优，反之则质量差。当棉籽含水量相同时，棉籽壳的颜色通常能看出棉壳质量的优劣（图 3-2）。

质量优：棉籽壳呈棕褐、黄色，手握有棉绒软感，油腻感，碎棉仁粉多，用水适量搓洗，水呈米汤色或乳白色浓稠状，无沤坏味。

质量劣：棉籽壳发白，手握紧有刺痛感，无或只有极少量碎棉仁粉。

优质棉籽壳　　　　　　　　　　劣质棉籽壳

图 3-2　棉籽壳优劣对比

一、棉籽壳的营养价值

棉籽壳是一种高纤维、低蛋白和高瘤胃通过率的粗饲料，干物质含量为 88.70%～93.10%、粗蛋白质含量为 3.70%～6.20%、粗纤维含量为 47.80%～48.00%、中性洗涤纤维含量为 72.80%～89.00%、酸性洗涤纤维含量为 64.90%～73.00%、无氮浸出物含量为 36.77%～38.86%、钙含量为 0.14%～0.18%、磷含量为 0.08%～0.12%、游离棉酚含量为 111.14～586.00 mg/kg，羊代谢能为 1.66～1.88 Mcal/kg，肉牛综合净能为 0.87～0.89 Mcal/kg，奶牛泌乳净能为 0.95～0.97 Mcal/kg（表 3-1）。

二、棉籽壳的加工调制技术

20 世纪，全棉籽通常不经破壳而整粒榨油，其缺点是产油率低，棉籽饼蛋白含量低，设备磨损大；2000—2010 年，老式榨油机破碎时，棉籽壳中混入棉仁较多，故游离棉酚的含量变异较大（558.00～1 230.00 mg/kg）；2010 年后，随着机械水平不断提升，棉籽经破壳机去壳，棉籽壳混入棉仁很少，棉籽壳品质也逐步稳定，游离棉酚的含量大幅下降（111.14～586.00 mg/kg）。

当前，棉籽壳的利用方式主要分为直接与其他饲料搭配饲喂、氨化处理后与其他饲料配合饲喂、碱化处理后与其他饲料配合饲喂和微贮处理后与其他饲料配合饲喂 4 种方式。

（一）棉籽壳直接与其他饲料搭配饲喂技术

（1）原理。本技术是利用棉籽壳高纤维、低蛋白和高瘤胃通过率的特点，按比例在日粮中直接添加棉籽壳与其他饲料搭配饲喂，达到降低饲料成本、提高家畜养殖收益的目的。

（2）技术要点。棉籽壳在动物日粮的最大添加量，可根据日粮总游离棉酚含量控制法计算使用；棉籽壳在动物日粮的适宜添加比例应从饲料营养价值与生物学特性、日粮安全性等方面综合考虑，推荐使用适宜添加比例法。

①日粮总游离棉酚含量控制法。犊牛≤100 mg/kg，其他阶段的牛≤500 mg/kg，羔羊和小山羊≤60 mg/kg，其他阶段的山羊和绵羊≤300 mg/kg，育种公畜≤200 mg/kg。

②适宜添加比例法。犊牛料中禁用未经处理的棉籽壳，其他阶段牛日粮中建议添加 40% 以下［泌乳牛摄入量需低于 4 kg/（d·头）］；羔羊料中禁用未经处理的棉籽壳，而其他阶段绵羊日粮中建议添加 35% 以下；种用公畜日粮中建议添加 10% 以下的未经处理棉籽壳。

表 3-1 棉籽壳营养成分

DM (%)	CP (%)	CF (%)	NDF (%)	ADF (%)	NFE (%)	EE (%)	Ash (%)	Ca (%)	P (%)	ME	NEmf	NE$_L$	数据来源
											(Mcal/kg)		
90.00	5.00	48.00	87.00	68.00	36.77*	1.90	3.00	0.15	0.08	1.66*	0.87*	0.95*	中国饲料成分及营养价值表（2020年第31版）
92.50	4.00	—	89.00	71.00	—	1.60	3.00	0.15	0.09	—	—	—	新疆畜牧科学院饲料研究所，2019
93.10	4.94	—	87.73	68.34	—	1.48	3.20	—	—	—	—	—	赵连生等，2017
91.00	4.10	47.80	—	73.00	38.86	1.70	2.80	0.15	0.09	1.88	0.89*	0.97*	CFIC，2011
90.00	5.00	48.00	87.00	68.00	36.77*	1.90	3.00	0.15	0.08	1.66*	0.87*	0.96*	NRC2007 常用饲料营养成分表
88.70	—	—	—	—	—	—	2.43	—	0.11	—	—	—	孙晋中等，2006
89.00	6.20	—	85.00	64.90	—	2.50	2.80	0.18	0.12	—	—	—	NRC2001 奶牛常用饲料营养成分
91.00	3.70	—	72.80	—	—	1.50	—	0.14	0.08	—	—	—	肉牛常用饲料营养成分表（NRC2000，饲喂状态）
91.00	4.10	—	80.00	—	—	1.70	—	0.15	0.09	—	—	—	NRC2000 肉牛常用饲料营养成分

注：同表 2-2。

（3）操作步骤。将棉籽壳与其他饲料搭配饲喂，既可降低饲料成本，又可稀释单位日粮中游离棉酚含量。本节以棉籽壳与其他饲料配合后饲喂育肥羊为例，按图3-3的示意饲料化利用棉籽壳，步骤如下。

①准备棉籽壳、农作物秸秆、苜蓿、青贮玉米和混合精料等饲料，农作物秸秆和苜蓿干草需提前粉碎。

②按日粮配方，将农作物秸秆、苜蓿、棉籽壳、青贮玉米和混合精料按顺序（TMR加料原则"先粗后精，先干后湿"）添加到TMR机中或人工搅拌均匀。TMR机搅拌时采用边投料边搅拌的方式，在最后一批原料加完后再混合15～30 min。日粮中长于4 cm的粗饲料占全日粮的15%～20%。

③混合均匀的饲料直接饲喂，当日制作的饲料应当日喂完。

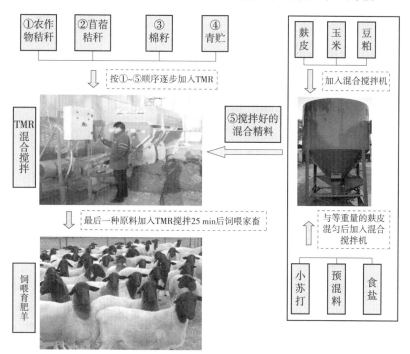

图 3-3 棉籽壳与其他饲料配合后的饲喂流程

（4）注意事项。

①棉籽壳存放时要注意防水、防晒，避免发霉变质。

②断奶前的幼畜禁止添加棉籽壳，种公畜、妊娠母畜和后备畜要严格按添加比例添加。

③注意日粮中钙磷平衡、维生素 A 和维生素 D 添加量，同时注意添加利尿药剂，预防尿结石。

④饲喂棉籽壳要循序渐进，7～10 d 过渡至预期水平。

（二）棉籽壳氨化处理技术

（1）原理。在棉籽壳中加入一定比例的尿素或氨水等溶液密封后发生氨解反应，使棉籽壳中木质素、纤维素、半纤维素和胶质分离，提高棉籽壳的消化率，改善适口性。用 5%～8% 尿素氨化脱毒，密封 20 d 后可使用，其脱毒率为 59.73%，氨化处理后的棉籽壳游离棉酚的含量为 44.76～235.98 mg/kg。

（2）技术要点。氨化棉籽壳在动物日粮的最大添加量，可根据日粮总游离棉酚含量控制法计算使用；氨化棉籽壳在动物日粮的适宜添加比例应从饲料营养价值与生物学特性、日粮安全性等方面综合考虑，推荐使用适宜添加比例法。

①日粮总游离棉酚含量控制。犊牛≤100 mg/kg，其他阶段的牛≤500 mg/kg，羔羊和小山羊≤60 mg/kg，其他阶段的山羊和绵羊≤300 mg/kg，育种公畜≤200 mg/kg。

②适宜添加比例法。犊牛料中禁用氨化棉籽壳，其他阶段牛日粮建议添加 45% 以下；羔羊料中禁用氨化棉籽壳，其他阶段绵羊日粮建议添加 40% 以下；种用公畜日粮中氨化棉籽壳建议添加 15%以下。

（3）操作步骤。氨化原料处理的关键是氨源添加量的确定。养殖户应根据羊场规模和生产条件，选择适当的氨化处理方法。本节以尿素氨化处理棉籽壳为例，氨化处理具体步骤如下。

①计算用水量。氨化饲料原料的含水量一般以 25%～35% 为宜，但棉籽壳的含水量一般在 10%～15%，需对棉籽壳水分进行调

整。加水量可用下列公式计算：

$$X = \frac{G \times (A - B)}{1 - A}$$

式中 X——氨化棉籽壳额外加水量，kg；

A——氨化棉籽壳理想含水量，kg；

B——棉籽壳初始含水量，kg；

G——氨化棉籽壳重量，kg；

按 100 kg 含水量为 13% 的棉籽壳，预期调整含水量至 35% 为例，计算如下：

$$X = \frac{100 \times (35\% - 13\%)}{1 - 35\%} \approx 34$$

即将 100 kg 含水量 13% 的棉籽壳调整到 35%，需额外加水 34 kg。

②调制 5% 尿素溶液。按 100 kg 棉籽壳的 5% 准确称量尿素 5 kg，溶于 34 kg 清水备用。

③装窖、喷洒、压实。将溶解好的尿素溶液均匀地喷洒到 100 kg 棉籽壳中，混合均匀，装窖、压实；也可将棉籽壳平铺 15～20 cm 后，均匀喷洒尿素溶液，再将棉籽壳平铺 15～20 cm，压实。然后重复以上步骤直至窖装满。

④密封与氨化。窖池装满压实后覆盖塑料薄膜，密封进行氨化，氨化时间与环境稳定相关，环境温度低于 5℃，氨化时间需 56 d 以上；5～15℃，28～56 d；15～20℃，14～28 d；20～30℃，7～21 d；高于 30℃时，5～7 d。

⑤开窖饲喂。取料后适当散味（以不刺激人眼、鼻为准），与其他饲料混合后饲喂（图 3-4）。取料后要适当遮挡或将袋口封严，防止因过度暴露而氧化变质。

（4）注意事项。

①饲喂氨化饲料应循序渐进，要有 7～10 d 的过渡期。

②断奶前的幼畜禁止添加氨化棉籽壳。

③氨化饲料制作时，一定要控制氨源的添加量。

④氨化棉籽壳要避免单一饲喂，尽量与其他饲料混合饲喂；如单一饲喂氨化棉籽壳时，采食 2 h 后方可饮水。

图 3-4　氨化棉籽壳与其他饲料配合后的饲喂流程

（三）棉籽壳碱化处理技术

（1）原理。用一定比例的氢氧化钙、氢氧化钠和过氧化氢等碱性物质添加到棉籽壳中，静置一定时间，可打破棉籽壳中的纤维素、半纤维素、木质素之间的醚键或酯键，扩张纤维素之间的空隙，增大瘤胃微生物附着数量，提高纤维素的降解率，同时降低游离棉酚含量。用 1%～2.5% 的氢氧化钠碱化脱毒，其脱毒率为 52.26%～54.64%，碱化处理棉籽壳的游离棉酚含量为 50.41～279.76 mg/kg。

（2）技术要点。碱化棉籽壳在动物日粮的最大添加量，可根据日粮总游离棉酚含量控制法计算使用；碱化棉籽壳在动物日粮的适宜添加比例应从饲料营养价值与生物学特性、日粮安全性等方面综合考虑，推荐使用适宜添加比例法。

①日粮总游离棉酚含量控制。犊牛≤100 mg/kg，其他阶段的牛≤500 mg/kg，羔羊和小山羊≤60 mg/kg，其他阶段的山羊和绵羊≤300 mg/kg，育种公畜≤200 mg/kg。

②适宜添加比例法。犊牛料中禁用碱化棉籽壳，其他阶段牛日粮中建议添加 45% 以下；羔羊料中禁用碱化棉籽壳，其他阶段绵羊日粮中建议添加 40% 以下；种用公畜日粮中碱化棉籽壳建议添加 15% 以下。

（3）操作步骤。碱化处理技术既可提高棉籽壳的纤维降解率，又可降低游离棉酚含量。考虑到碱化处理的安全性、污染小和易操作的特性，生产中建议采用石灰乳碱化法和生石灰碱化法处理棉籽壳。

①石灰乳碱化法。首先称取 45 kg 的石灰（碳酸钙）溶于 955 kg 水中，调制成 4.5% 石灰乳（即氢氧化钙微粒在水中形成的悬浮液）。然后取 500 kg 棉籽壳浸入石灰乳中 5～10 min，随之捞出，滤去残液，晾干堆放 24 h 后即可饲喂家畜。最后碱化的棉籽壳取出后，与其他饲料混合后饲喂。

②生石灰碱化法。首先将棉籽壳的含水量调至 30%～40%，即将棉籽壳（含水量13%）平铺在水泥地上，每 100 kg 棉籽壳喷洒 24.29～45 kg 水，使棉籽壳湿润。然后按 100 kg 干棉籽壳重量的 3%～6% 称量生石灰（氧化钙）3～6 kg，均匀地撒在湿棉籽壳上，密封保存 3～4 d。最后碱化的棉籽壳取出后，与其他饲料混合后饲喂（图 3-5）。

（4）注意事项。

①碱化处理时可在碱中加入 0.5%～1.2% 食盐以增加棉籽壳适

口性。

②开窖的碱化棉籽壳，尽量做到随取随喂，避免滞留发霉变质。

③石灰处理的棉籽壳钙：磷比达（4～9）：1，因此利用时要注意家畜日粮的钙磷平衡。

图 3-5　生石灰碱化棉籽壳与其他饲料配合后的饲喂流程

（四）棉籽壳微贮技术

（1）原理。棉籽壳微贮技术是指利用微生物菌剂，在厌氧密闭条件下，发酵使棉籽壳的半纤维素－木聚糖链和木质素聚合物的酯链发生酶解，变得柔软，气味酸香，适口性好，利用率提高；同时降低游离棉酚含量，游离棉酚去除效率为 40.24%～90.00%，微贮处理棉籽壳的游离棉酚含量为 11.11～153.03 mg/kg。

（2）技术要点。微贮棉籽壳在动物日粮的最大添加量，可根据日粮总游离棉酚含量控制法计算使用；微贮棉籽壳在动物日粮的适宜添加比例应从饲料营养价值与生物学特性、日粮安全性等方面综合考虑，推荐使用适宜添加比例法。

①日粮总游离棉酚含量控制。犊牛≤100 mg/kg，其他阶段的牛≤500 mg/kg，羔羊和小山羊≤60 mg/kg，其他阶段的山羊和绵羊≤300 mg/kg，育种公畜≤200 mg/kg。

②适宜添加比例法。犊牛料中禁用微贮棉籽壳，其他阶段牛日粮中建议添加 45% 以下；羔羊料中禁用微贮棉籽壳，其他阶段绵羊日粮中建议添加 40% 以下；种用公畜日粮中建议添加 15% 以下微贮棉籽壳。

（3）操作步骤。

①复活菌种。根据菌剂活菌数，一般 1～2 g 菌剂处理 1t 棉籽壳。取发酵活干菌溶于 1% 的白糖水中，放置 1～2 h 使菌种复活。复活好的菌剂一定要当天用完，不可隔夜使用。

②菌液及辅料准备。按每 100 kg 含水量为 13% 的棉籽壳调制成含水率为 65% 的微贮棉籽壳时，需加入 148.6 kg 的水，计算方法参照棉籽壳氨化技术的操作步骤。将"复活菌种"与准备的水充分混合配制成菌液，同时按棉籽壳重量的 5% 准备玉米面和食盐备用。

③装窖、喷洒和压实。在窖的底部和四周，铺设塑料薄膜，将粉碎好的棉籽壳装入微贮窖中，20～30 cm 为一层，喷一次菌液，并撒入玉米粉，踩实，装一层棉籽壳喷一层菌液，撒一层玉米面，踩实一层，连续作业，直至原料高出窖口 40 cm 时在上面均匀撒上食盐，食盐用量为每平方米 250 g 或 2～4 kg，最后用塑料膜封顶，四周压严，上面用轮胎或石块压住塑料，防止被风吹开。

④开窖饲喂。环境温度 10℃以上，发酵 21～30 d 即可开窖。取用时应从上到下逐层取用，尽量减少取料暴露面，避免二次污染。

微贮棉籽壳与其他饲料搭配使用（图3-6），饲喂时，应循序渐进，逐步增加。

图3-6　微贮棉籽壳与其他饲料配合后的饲喂流程

（4）注意事项。

①微贮窖大小根据养殖场规模而定，如果羊场规模小于300只，牛场规模小于15头，建议用裹包微贮。

②饲喂微贮棉籽壳饲料应有7～10 d的过渡期。

③不推荐微贮窖顶土封，以防取用时增加劳力。

④冰冻的微贮饲料切忌直接饲喂家畜，易引起妊娠母畜流产。

第二节　棉花机渣的饲料化利用

棉花机渣是棉花收获或籽棉加工过程中的副产物，其包括采棉机渣（图3-7）和轧花机渣（图3-8）。采棉机渣是采棉机收获棉花时，产生的棉叶、细枝、短绒、棉桃壳等混合物。轧花机渣是籽棉加工成皮棉的过程中的副产物，由两部分组成，第一部分是经由重杂质沉积器筛选的含棉桃壳、不孕籽、僵瓣棉、棉秸秆和杂草等混合物，第二部分是通过联合清理产生的含棉叶、小棉秆、小杂草和灰尘等混合物。采棉机渣和第一部分轧花机渣因含灰尘和土屑较少，可以直接用作饲料，第二部分轧花机渣因含灰尘和土屑较多，须除尘后才能饲料化利用。

　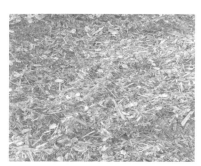

图 3-7　采棉机渣　　　　　　图 3-8　轧花机渣

一、棉花机渣的特性与营养价值

棉花机渣因含有棉绒、棉叶、细枝和棉桃壳等，适口性较好，且来源稳定、集中、易储存，可作为草食动物粗饲料加以利用。棉花机渣的营养成分与棉花的品种、机渣组分、加工工艺等有很大关系。棉花机渣中游离棉酚含量为394.20～880.30 mg/kg，根据机渣产生工艺和所含物质又可分为采棉机渣和轧花机渣，采棉机渣含棉叶、棉秸秆细支较多，而轧花机渣含桃壳、不孕籽、僵瓣棉、棉茎、棉叶、杂草等大颗粒杂质较多。采棉机渣中干物质含量为 81.70%、粗蛋白质含量为 11.45%、粗纤维含量为 15.14%、中性洗涤纤维含量为 40.25%、酸性洗涤纤维含量为 37.29%、粗脂肪含量为 4.32%、灰分含量为 13.50%、钙含量为 2.52%、磷含量为 0.21%、羊代谢能为 2.42 Mcal/kg，肉牛综合净能为 0.62 Mcal/kg，奶牛泌乳净能为 1.13 Mcal/kg；轧花机渣中干物质含量为 90.00%～91.00%、粗纤维含量为 34.00%～48.00%、中性洗涤纤维含量为 70.00%～87.00%、酸性洗涤纤维含量为 51.00%～68.00%、粗蛋白质含量为 7.40%～10.00%、粗脂肪含量为 1.70%～2.00%、灰分含量为 3.00%～14.00%、钙含量为 0.65%～3.00%、磷含量为 0.12%～0.25%，羊代谢能为 1.66～1.68 Mcal/kg，肉牛综合净能为 0.87～1.01 Mcal/kg，奶牛泌乳净能为 0.93～1.03 Mcal/kg（表 3-2）。

二、棉花机渣的加工调制技术

棉花机渣中，采棉机渣的营养价值优于轧花机渣，轧花机渣的营养成分又优于棉籽壳，相同重量下，轧花机渣较为蓬松，其体积约为棉籽壳的数倍，饲料搭配时可作为瘤胃填充物与精饲料配比。采棉机渣因含大量碎棉叶，利用时建议直接与其他饲料混合饲喂。轧花机渣因含尘屑较多，须除去尘屑后再饲料化利用。未除尘除屑的轧花机渣可采用图 3-9 所示的除尘筛除去尘屑后再饲喂家畜。

当前，采棉机渣的主要利用方式为：①采棉机渣与其他饲料搭配饲喂；②采棉机渣与其他饲料配合制粒后饲喂。

轧花机渣经除去尘屑后，主要以下列几种方式利用：①轧花机渣与其他饲料搭配饲喂；②轧花机渣与其他饲料配合制粒后饲喂；③氨化轧花机渣与其他饲料配合后饲喂；④碱化轧花机渣与其他饲料配合后饲喂；⑤微贮轧花机渣与其他饲料配合后饲喂。

（一）棉花机渣与其他饲料配合饲喂技术

（1）原理。棉花机渣（采棉机渣和轧花机渣）与其他饲料配合饲喂技术是利用棉花机渣适口性较好、价格低的特点，与其他饲料配合饲喂，达到降低饲料成本，提高养殖收益的目的。

表 3-2 采棉机渣和轧花机渣的营养成分

分类	DM（%）	CP（%）	CF（%）	NDF（%）	ADF（%）	NFE（%）	EE（%）	Ash（%）	Ca（%）	P（%）	ME	NEmf	NE$_L$	数据来源
											（Mcal/kg）			
采棉机渣	81.70	11.45	15.14	40.25	37.29	52.38*	4.32	13.50	2.52	0.21	1.68*	1.01*	0.99*	新疆畜牧科学院饲料研究所
	91.00	10.00	34.00	70.00	51.00	35.90*	2.00	14.00	1.70	0.25	1.67*	0.87	0.93*	NRC2007 绵羊、山羊、鹿、骆驼饲料营养参数
轧花机渣	91.00	10.00	48.00	87.00	68.00	29.85*	1.90	3.00	3.00	0.15	1.66*	0.91*	1.03*	NUTRUENT REQUIREMENTS OF SMALL RUMINANTS NRC2000
	90.00	7.40	—	80.00	—	—	1.70	3.00	0.65	0.12	—	0.18*	—	肉牛常用饲料成分表 NRC2000
	90.00	7.40	36.70	—	—	—	1.70	5.90	0.65	0.12	—	—	—	CFIC，2011

注：同表 2-2。

55

图 3-9　除尘筛

（2）技术要点。棉花机渣在动物日粮的最大添加量，可根据日粮总游离棉酚含量控制法计算使用；棉花机渣在动物日粮的适宜添加比例应从饲料营养价值与生物学特性、日粮安全性等方面综合考虑，推荐使用适宜添加比例法。

①日粮总游离棉酚含量控制。犊牛≤100 mg/kg，其他阶段的牛≤500 mg/kg，羔羊和小山羊≤60 mg/kg，其他阶段的山羊和绵羊≤300 mg/kg，育种公畜≤200 mg/kg。

②适宜添加比例法。犊牛料中禁用未经处理的棉花机渣，其他阶段牛日粮中建议添加 35% 以下；羔羊料中禁用未经处理的棉花机渣，其他阶段绵羊日粮中建议添加 30% 以下；种用公畜日粮中建议添加 10% 以下的未经处理棉花机渣。

（3）操作步骤。棉花机渣价格相对较低，将棉花机渣与其他饲料混合搭配饲喂，操作方法相对简单，既可降低饲料成本，又可稀释单位日粮中的游离棉酚含量。混合饲喂时，首先，对棉花机渣（如轧花机渣）过筛，去除尘屑；其次，将饲料原料按农作物秸秆、苜蓿、棉花机渣、青贮玉米、混合精料顺序添加到 TMR 机混合均匀后饲喂，或采用人工搅拌的方式搅拌均匀后饲喂。操作步骤可参照棉籽壳与其他饲料配合饲喂技术中操作步骤（3）进行。

（4）注意事项。

①在饲喂或配料前应先除去棉花机渣中沙土、沙粒等杂质，以

防异物对动物机体造成损伤。

②育肥公畜或幼畜日粮中添加棉花机渣时，要严格控制棉花机渣添加比例，预防尿结石。

③棉花机渣饲料搭配时要考虑饲料的容积。

④棉花机渣体积较大，因含棉绒容易粘连，拌料时最好使用机械搅拌。

（二）棉花机渣配合制粒技术

（1）原理。棉花机渣（采棉机渣或轧花机渣）与其他饲料配合后加入制粒机，在一定温度、湿度和挤压力的作用下，饲料中的蛋白质、糖分、淀粉部分糊化，被压成具有一定密度和硬度的颗粒饲料，同时，制粒机因发热去除部分游离棉酚，游离棉酚去除效率为61.8%～69.44%，制粒后棉花机渣中游离棉酚剩余量为72.15～336.27 mg/ kg。

（2）技术要点。棉花机渣配合制粒在动物日粮的最大添加量，可根据日粮总游离棉酚含量控制法计算使用；棉花机渣配合制粒在动物日粮的适宜添加比例应从饲料营养价值与生物学特性、日粮安全性等方面综合考虑，推荐使用适宜添加比例法。

①日粮总游离棉酚含量控制。犊牛≤100 mg/kg，其他阶段的牛≤500 mg/kg，羔羊和小山羊≤60 mg/kg，其他阶段的山羊和绵羊≤300 mg/kg，育种公畜≤200 mg/kg。

②适宜添加比例法。犊牛配合颗粒饲料中禁用棉花机渣，其他阶段牛配合颗粒饲料中建议添加40%以下的棉花机渣；羔羊配合颗粒饲料中禁用棉花机渣，其他阶段羊建议添加35%以下的棉花机渣；种公畜配合颗粒饲料中建议添加15%以下的棉花机渣。

（3）操作步骤。棉花机渣配合颗粒饲料是将原料接收和预处理、粉碎、配料、混合等工序的基础上，添加了制粒系统，棉花机渣与其他饲料配合制粒加工（图3-10）主要步骤如下。

①准备饲料原料。按家畜日粮配方，准确称量饲料原料，粗饲料粉碎时须控制饲料长度，推荐使用16～20 mm筛粉碎。采棉机渣

不需要粉碎，轧花机渣中如含有较多的棉秸秆时须适当粉碎。

②调制与制粒。将粉碎好的棉籽壳、苜蓿、农作物秸秆、玉米、豆粕和小麦麸等饲料进行混匀调制，调制好的饲料水分含量控制在17%左右，制粒时可采用平模机或环模制粒机。

③干燥。颗粒成型后需经过晾晒或经过风冷机干燥，使水分含量小于14%后包装成袋或储存备用。

④饲喂。棉花机渣配合颗粒饲料饲喂时，要有7～10 d的过渡期，且充分保障饮水充足。

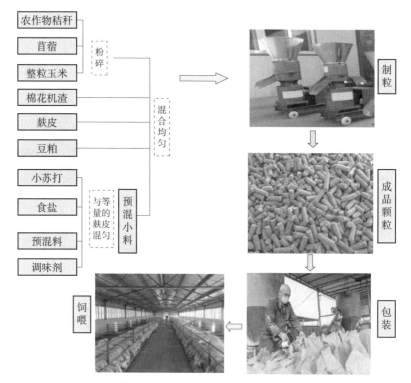

图 3-10　棉花机渣与其他饲料配合制粒及饲喂技术流程

（4）注意事项。

①棉花机渣配合颗粒饲料建议每天投料2～3次，饲喂量以料槽内基本无剩余饲料为宜，同时保证供水充足。

②雨天不宜在敞圈饲喂，避免颗粒饲料遇水膨胀变碎，降低家畜采食量和颗粒饲料利用率。

③颗粒饲料饲喂的同时在圈舍内补饲食盐和小苏打供家畜自由舔食。

（三）轧花机渣微贮技术

（1）原理。轧花机渣因含有较多的棉桃壳和棉秸秆细枝，在密闭条件下，利用微生物发酵所产生的酶，可以打破轧花机渣的棉桃壳和棉秸秆细枝的细胞壁结构，提高消化率，改善适口性。同时，微生物发酵去除部分游离棉酚，游离棉酚的降解率为 40.24%～90%，微贮轧花机渣的游离棉酚残留量为 39.42～526.07 mg/kg。

（2）技术要点。微贮棉花机渣在动物日粮的最大添加量，可根据日粮总游离棉酚含量控制法计算使用；微贮棉花机渣在动物日粮的适宜添加比例应从饲料营养价值与生物学特性、日粮安全性等方面综合考虑，推荐使用适宜添加比例法。

①日粮总游离棉酚含量控制。犊牛≤100 mg/kg，其他阶段的牛≤500 mg/kg，羔羊和小山羊≤60 mg/kg，其他阶段的山羊和绵羊≤300 mg/kg，育种公畜≤200 mg/kg。

②犊牛配合饲料中禁用微贮棉花机渣，其他阶段牛配合饲料中推荐添加 40% 以下；羔羊配合饲料中禁用棉花机渣，其他阶段羊推荐添加 35% 以下；种公畜配合饲料中推荐添加 15% 以下的微贮棉花机渣。

（3）操作步骤。轧花机渣微贮操作步骤可参照本章第一节（四）棉籽壳微贮处理技术中操作步骤（3）进行。但相对于棉籽壳，轧花机渣因含有不孕籽和棉叶等，营养价值相对较高，因此，轧花机渣微贮时还需额外关注以下几个环节：

①除尘处理。采用除尘筛对轧花机渣进行除尘处理，除去尘屑；超过 20 mm 以上的棉秸秆和棉桃壳需进行粉碎或揉碎。

②菌液配制。按每 100 kg 含水量为 13% 的轧花机渣调制成含水率 65% 的微贮轧花机渣时，需加入 148.6 kg 的水，计算方法参照棉籽壳氨化技术的操作步骤。制作微贮时需加入玉米面，添加重量为

轧花机渣重量的 1.5%。

③装窖、喷洒和压实。将轧花机渣铺 20～30 cm 厚，均匀喷撒菌液和玉米粉，再铺 20～30 cm 轧花机渣，踩实，再均匀喷撒菌液和玉米粉，如此反复连续作业，直至窖装满，窖顶均匀撒上食盐，密封封顶。

④开窖饲喂。一般发酵 21～30 d 即可开窖。取用时要注意剔除因混合不均匀而造成的团状发霉饲料，同时，取料口尽量小，且每日保持逐层取料，保持新鲜，避免二次氧化致使霉变。微贮轧花机渣与其他饲料搭配使用（图 3-11），饲喂时，应循序渐进，逐步增加。

图 3-11　微贮轧花机渣与其他饲料配合后的饲喂流程

（4）注意事项。

①轧花机渣含尘土碎屑较多，一定要除尘。

②轧花机渣因含棉绒较多，不易与菌剂混匀，微贮时易形成"团状霉块"。

③饲喂微贮轧花机渣饲料有 7～10 d 过渡期。

④冰冻的微贮轧花机渣不可饲喂家畜，易引起妊娠母畜流产。

⑤霉变的微贮轧花机渣不可饲喂家畜，易引起疾病甚至死亡。

棉花机渣除以上几种处理方式外，轧花机渣还可进行氨化处理和碱化处理，均能起到破坏棉花机渣纤维结构，改善适口性，提高消化率和降低游离棉酚的作用。氨化处理操作步骤可参照"本章第一节（二）棉籽壳氨化处理技术中操作步骤（3）"进行，碱化处理操作步骤可参照"本章第一节（三）棉籽壳碱化处理技术中操作步骤（3）"进行。氨化处理轧花机渣的游离棉酚降解效率为 40.11%～45%，氨化的轧花机渣的游离棉酚含量为 216.81～527.21 mg/kg。碱化处理轧花机渣的游离棉酚降解效率为 78.66%～85%，碱化的轧花机渣的游离棉酚含量为 78.84～176.06 mg/kg。此外，还可在棉花机渣利用时，按棉花机渣重量的 0.20%～0.25% 添加硫酸亚铁，可有效脱除其游离棉酚的 80%～90%。

第四章
棉秸秆饲料化利用技术

我国棉秸秆资源丰富，且分布较为集中，作为副产物的棉秸秆具有便于机械化收获的特点，为其饲料化利用提供了有利条件。长期以来，由于棉秸秆质地坚硬、木质素含量高、养分含量较低，饲料化利用程度不高。提高棉秸秆的利用，不仅可以有效缓解粗饲料区域性供给不足的矛盾、还可以减少对环境的污染。近几年的研究发现，棉秸秆经过粉碎、制粒、微贮、蒸汽爆破等预处理后，可作为反刍动物的补充性粗饲料使用。

第一节　棉秸秆的营养价值与特性

棉秸秆的养分含量因区域、品种、部位及水分含量的不同而有所差异。与玉米秸秆、稻草和小麦秸秆相比，棉秸秆中有机物含量仅次于玉米秸秆，粗蛋白含量和粗纤维含量高，钙磷含量也较高（表4-1）。饲用价值方面：棉秸秆的总能高于稻草和小麦秸秆，低于玉米秸秆。由于棉秸秆木质化程度高、质地较硬，营养成分不易被牛羊等动物消化和吸收（表4-2）。棉秸秆在牛羊瘤胃中的有机质消化率较低，是玉米秸秆的70%、稻草的80%、小麦秸秆的90%。研究发现，绵羊日粮中棉秸秆的添加比例为30%时，棉秸秆中营养物质的消化率可达到最大值，进一步提高棉秸秆在日粮中的比例会降低棉秸秆中营养物质的消化率。近年来，随着饲料加工技术的进步，棉秸秆的饲料品质在很大程度上得到了改善，科学加工处理工艺大幅提高了棉秸秆的饲用价值。

表 4-1　整株棉秸秆与其他常用秸秆营养成分含量　　单位：% 风干基础

饲料	地点	干物质	有机质	粗蛋白质	粗纤维	粗脂肪	磷	钙
棉秸秆	吐鲁番	92.5	86.6	4.7	43.9	0.7	0.17	1.14
玉米秸秆	安宁渠	94.2	88.0	4.3	24.3	0.7	0.05	0.15
稻草	安宁渠	94.0	77.7	3.8	32.7	1.1	0.05	0.18
小麦秸秆	安宁渠	93.7	85.5	2.7	39.2	0.8	0.06	0.11

注：数据引自《新疆常用饲料成分表（1984 版）》。

表 4-2　整株棉秸秆与其他常用秸秆的消化特性（风干基础）

饲料	采集地点	总能（Mcal/kg）	总可消化养分（kg/kg DM）	有机质消化率（%）		肉牛综合净能（MJ/kg）	绵羊代谢能（MJ/kg）
				牛	羊		
棉秸秆	吐鲁番	3.744	0.422	44.678	45.418	3.022	6.314
稻草	安宁渠	3.377	0.453	55.930	55.836	3.787	6.887
玉米秸秆	安宁渠	3.793	0.632	63.491	62.831	5.168	8.687
小麦秸秆	安宁渠	3.672	0.466	49.942	50.317	3.464	6.772

注：总能、总消化养分、有机质消化率、肉牛综合净能、绵羊代谢能等数据引自《新疆常用饲料成分表（1984 版）》。

棉秸秆可作为粗饲料用于牛羊等草食动物生产。棉秸秆的干物质含量为 92.20%～94.44%，粗蛋白质含量为 4.70%～6.50%，粗纤维含量为 43.90%～70%，中性洗涤纤维含量为 62.92%～78.60%，酸性洗涤纤维为 48.53%～70.26%，钙含量为 0.54%～1.19%，磷含量为 0.09%～0.17%，游离棉酚含量为 221.00～469.0 mg/kg。棉秸秆不同部位的营养物质含量及游离棉酚含量差异较大（表 4-3，表 4-4）。

表 4-3 整株棉秸秆营养成分表

单位：%，风干基础

干物质（%）	粗蛋白质（%）	粗纤维（%）	中性洗涤纤维（%）	酸性洗涤纤维（%）	粗脂肪（%）	灰分（%）	钙（%）	磷（%）	游离棉酚（mg/kg）	羊代谢能（MJ/kg）	肉牛综合净能（MJ/kg）	奶牛产奶净能（Mcal/kg）	数据来源
92.50	4.70	43.90	—	—	0.70	5.90	1.14	0.17	—	6.311①	3.02	—	新疆常用饲料成分（1984版）
—	6.50	70.00	—	—	—	—	0.63	0.09	—	5.23	—	—	魏敏等，2003
92.20	5.67	69.60	—	—	—	6.80	1.19	0.11	221.00	—	—	—	方雷等，2009
—	6.10	70.1	—	—	—	—	0.63	0.09	230.00	—	—	—	依马木玉等，2014
94.44	6.41	60.63	—	—	—	9.97	0.54	0.16	291.90	—	—	—	张国庆等，2018
—	5.88	—	78.6	70.26	—	—	—	—	—	—	—	—	热沙来提·汗买买提等，2012
—	6.00	—	—	—	—	—	—	—	469.00	—	—	—	哈丽代·热合木江等，2013
93.85	6.37	—	62.92	48.53	0.85	10.47	1.14	0.17	284.19	7.14	—	0.83②	张俊瑜等，2019

注：①棉秸秆的羊代谢能为参照《中国肉用绵羊营养需要》（刁其玉，2019）计算值，计算公式为 ME=31.002-0.097×NDF+0.474×OM+0.154×CP；②奶牛产奶净能为参照《我国奶牛饲料产奶净能值测算方法的研究》（冯仰廉等，1987）的计算值，计算公式为：产奶净能=0.5501×消化能-0.0946，消化能＝总能×有机质消化率；③"—"表示引文中没有相关数据，下同。

表 4-4　棉秸秆不同部位营养成分含量　　　　单位：%，风干基础

项目	主茎	棉桃壳	棉叶	棉茎	棉根	数据来源
干物质	—	93.33	91.73	94.23	93.37	许国英等，1998
	93.70	92.30	88.50	93.10	—	方雷等，2009
	92.15	91.42	91.48	92.40	—	实测值
有机物	—	91.17	86.35	94.93	95.30	许国英等，1998
	95.40	91.90	94.20	91.70	—	方雷等，2009
	91.80	—	—	88.00	—	魏敏等，2003
	92.74	90.09	78.58	94.53	—	实测值
粗蛋白质	—	8.44	17.82	7.10	6.48	许国英等，1998
	4.55	5.38	11.85	6.16	—	方雷等，2009
	5.70	5.50	—	6.80	—	魏敏等，2003
	7.58	6.38	13.00	3.48	—	实测值
粗纤维	—	33.14	11.23	42.03	42.21	许国英等，1998
	77.40	58.94	41.04	67.13	—	方雷等，2009
	73.20	51.10	—	55.00	—	魏敏等，2003
	36.53	33.09	8.56	66.81	—	实测值
纤维素	47.01	41.95	17.76	42.46	—	方雷等，2009
	45.80	33.50	—	35.20	—	魏敏等，2003
半纤维素	10.61	3.98	11.62	8.56	—	方雷等，2009
	11.50	9.80	—	6.50	—	魏敏等，2003
木质素	19.78	13.01	11.66	16.11	—	方雷等，2009
	15.90	7.80	—	13.30	—	魏敏等，2003
钙	—	0.53	3.83	0.44	3.92	许国英等，1998
	0.93	1.10	1.02	1.59	—	方雷等，2009
	0.63	0.44	—	0.72	—	魏敏等，2003
	0.33	0.55	1.77	0.46	—	实测值

（续）

项目	主茎	棉桃壳	棉叶	棉茎	棉根	数据来源
磷	—	0.08	0.24	0.07	0.10	许国英等，1998
	0.08	0.12	0.09	0.11	—	方雷等，2009
	0.08	0.16	—	0.09	—	魏敏等，2003
	0.07	0.09	0.20	0.09	—	实测值
游离棉酚（mg/kg）	—	75	308	33	2080	许国英等，1998
	94	400	960	146	—	方雷等，2009
	300	600	—	300	—	魏敏等，2003
	73	419	891	178	—	实测值
粗脂肪	—	4.75	5.85	2.50	1.49	许国英等，1998
	—	1.75	5.85	2.50		实测值
无氮浸出物	—	44.21	48.76	43.80	44.48	许国英等，1998
总能（MJ/kg）	—	1.75	1.70	1.78	1.74	许国英等，1998

第二节　棉秸秆的收获技术

收获方法及成本直接影响饲料成本，也是棉秸秆饲料化利用的关键制约因素之一。棉秸秆的收获技术应包括留茬高度、刈割、除尘、粉碎揉丝、收集和运输等作业环节。本节主要介绍棉秸秆的几种收获技术。

一、棉秸秆的收获方式及特点

棉秸秆收获分为人工收获和机械收获。人工收获是指依靠人工或借助简单农机具进行收割、收集和装卸的过程，优点是回收的秸秆比较干净，缺点是劳动强度大、工作效率低、成本比较高。机械收获是指通过使用农机具来完成棉秸秆全程收获的模式。

（一）根据收获工艺路线划分

（1）分段收获模式。分段收获是指收获过程使用不同农机具分段作业，如用割草机割倒、搂草机搂条和打捆机打捆等。这种模式便于捆料和储存，但所使用的机具多、工艺路线长、收获成本较高、棉叶损失较大而且容易混入残膜、灰尘等。

（2）联合收获模式。联合收获是指一次性完成秸秆的刈割、粉碎揉丝、除尘和收集等作业，优点是工作效率高、单位成本低、便于储存、占地面积小。联合收获又可细分为联合揉搓粉碎收获（图4-1，图4-2）和整秆大捆收获（图4-3）。

图4-1　棉秸秆揉搓粉碎收获（收集箱式）　　图4-2　棉秸秆揉搓粉碎收获（跟车式）

（二）根据收获特征划分

（1）选择性收获模式。选择性收获是指从棉田里选择棉壳、棉桃、棉叶及细枝等进行收获。优点是可以根据生产需求定向收获养分含量高的部位，但浪费大、成本比较高。

（2）整秆收获模式。整秆收获是指将棉秸秆地上部分进行全部收获的过程。优点是一次完成秸秆的刈割、粉碎揉丝、除尘、收集等作业。

（3）拔秆收获模式。拔秆收获是指使用农机具将棉秸秆连根拔起并进行加工收获的过程（图4-4），主要用于秸秆发电、造纸、木炭等工业化生产。优点是增加收获量,降低根系对土壤的影响;缺点是物料清洁度比较低。

图 4-3　棉秸秆整秆打捆收获　　　　图 4-4　棉秸秆整秆拔秆收获

二、棉秸秆的收获

整株棉秸秆(不含棉根)中,粗茎的重量约占 40%,细茎约占 33%,棉桃壳约占 25%,棉叶约占 2%。由于粗茎木质素含量较高,不利于饲料化利用。因此,在棉秸秆收获时,要尽量遵循"因材施割"的原则,收获地上 3/4 的部分作为家畜的饲料(图 4-5)。农业生产中,考虑到农田耕作便利性和耕作成本,一般将留茬高度控制在 6～12 cm。目前,棉花主产区主要通过秸秆收获机收获棉秸秆,不适合机械作业的地区多采用人工收获。

图 4-5　单株棉秸秆的不同部位

1. 棉秸秆人工收获

棉秸秆人工收获是指利用割草机等农机具将棉秸秆割倒，再由人工收集和装卸（图4-6）。因当前较高的人工成本以及较低的人工收获效率，致使收获成本较高。因此，人工收获棉秸秆的方式只适用于小块作业或秸秆收获机无法作业的区域使用。

图4-6　棉秸秆人工收获

2. 棉秸秆机械收获

棉秸秆机械收获是利用秸秆收获机，一次性完成棉秸秆的刈割、粉碎揉丝和收集等作业（图4-7）。优点是效率高，节省加工成本。与人工收获相比，机械收获效率至少提高了数十倍，极大地促进了棉秸秆饲料的规模化和工业化应用。

图4-7　秸秆收获机收获棉秸秆田间作业

棉秸秆的加工处理不同于其他农作物秸秆，是因为棉秸秆最外层包了一层棉麻皮，对处理效果有比较大的影响，为了提高棉秸秆的饲用效果和后期处理效果，收获棉秸秆时要求秸秆必须打开外皮和芯部破茎，因此，棉秸秆收获机有其特定的技术参数。

以新疆中收农牧机械有限公司 9LRZ-2.7 型自走式青黄贮秸秆收获机技术参数为例（表 4-5）。

表 4-5　棉秸秆饲草化利用收获基本要求

项目	指标
收净率（%）	≥90
标准草长率（%）	≥85
破节率（%）	≥65
生产率（t/h）	≥7
破茎率（%）	≥90

注：（1）揉切标准草长度应不大于 50 mm（软草长、硬草短）。
（2）揉切几何宽度应不大于 4 mm。
（3）破茎率是指木质素高的物料加工后几何宽度小于 4 mm 的、丝状物长度小于 120 mm 的占比。

3. 除尘

棉秸秆原料的除尘是其饲料化利用的重要环节，加工过程中因清理工序不完善，可导致后续加工程序不畅，甚至发生安全事故，同时也影响饲料成品质量。所以，棉秸秆的饲料化利用应除去其中夹杂的尘土砂石、残膜、滴灌带、铁丝（块）等异物，以保证人员和加工设备的安全生产，减少设备损耗以及改善生产环境。常用的清理设备主要有：栅筛、清理筛、磁选设备等。

第三节　棉秸秆物理加工调制技术

棉秸秆物理加工是指利用机械、水和热力等作用，只改变秸秆外形及结构的处理方法，最常用的是切短（粉碎、搓揉），此外还有浸泡、蒸煮、膨化、打浆和照射等。其中，切短（粉碎、搓揉）是各种加工调制技术的基础和保障，棉秸秆切短（粉碎、搓揉）的程度决定了后续加工调制的效果，因此十分关键。

一、棉秸秆揉搓丝化加工技术

1.棉秸秆揉搓丝化技术原理

揉搓机工作时，高速旋转的转盘带动其上锤片不断撞击喂入的秸秆，同时机器凹板上装有可变高度齿板和定刀，可对秸秆进行揉搓和粉碎，处理后秸秆变成有一定长度的丝状段，茎节被完全破坏，纤维空隙度增加，细胞疏松，进而改善牲畜的适口性、提高采食量。这种处理一方面可以利用揉搓机工作时产生的热量去除部分游离棉酚（降解率为28%～30%）；另一方面，通过粉碎揉丝，增加物料的表面积，以便牛羊瘤胃微生物更充分地接触到饲料，从而提高饲料的消化率。

2.棉秸秆揉搓工艺

棉秸秆揉搓工艺是由人工送料，物料在揉搓室内不断被揉搓破碎，直到小于筛网直径的丝状秸秆被送出。机器工作时，送料量要适宜，并根据所要揉搓秸秆长度，通过合理调整刀片间隙来调整物料的揉碎程度。揉搓丝化棉秸秆的利用和加工效果均优于直接切短和粉碎，因此在条件允许的情况下推荐使用该方式来处理棉秸秆（图4-8）。

整株棉秸秆　　　　　　送入揉搓机　　　　　　揉搓后棉秸秆

图4-8　棉秸秆搓揉工艺流程示意

3.注意事项

（1）严格执行开机前的检查工作，注意筛网的完整性，开机前工作室中不得有物料。

（2）机器启动后空载运行稳定后方可开启喂料。

（3）均匀喂料，不要有架空现象，提高机械工作效率。

（4）操作时严格执行技术规范和要求，注意人身安全。

二、棉秸秆粉碎制粒技术

1.技术原理

棉秸秆经揉搓机粉碎后，与其他饲料混合均匀，一同送入制粒设备中，混合均匀的各种原料在颗粒饲料机的磨板与轧轮之间的挤压下通过磨板，加工成颗粒饲料。这种技术的主要优势是改善棉秸秆的适口性、提高采食量、避免动物挑食、减少浪费、便于储存和运输等。同时，制粒过程中产生的高温不仅可以杀灭饲料中的有害细菌，还可去除一部分游离棉酚（降解率约30%），提高饲料的卫生指标和安全性。

2.技术工艺

棉秸秆压成颗粒状饲料，整个工艺包括粉碎、混合、制粒、干燥、打包及辅助系统等。具体工艺流程如图4-9所示。

（1）棉秸秆揉丝粉碎。田间收获的棉秸秆如果过长会影响制粒效果，则需再次揉丝粉碎。一般将棉秸秆通过揉搓机粉碎过1.6～2 cm的筛网为宜。

（2）物料混合。按动物日粮配方，将粉碎好的棉秸秆、玉米、豆粕、小麦麸、苜蓿、玉米秸秆和芦苇干草等各种原料混合均匀。混合均匀的饲料水分应小于17%，如果水分过大，影响成粒"形状"和后期干燥；如果水分太小，则粉化率高，无法制粒。

（3）制粒。控制物料进入颗粒的速度，防止"憋卡"设备。颗粒饲料直径可以根据需要在0.3～1.2 cm间调整，牛羊颗粒饲料直径通常为 0.6～1.0 cm。

（4）干燥。颗粒机制好的颗粒饲料须经过晾晒或经过风冷机干燥。颗粒饲料水分含量要小于14%。短期内自用的颗粒饲料可不用干燥，饲喂适口性更佳。

（5）贮存、销售、饲喂。颗粒饲料贮存和销售运输过程中要严格防水。

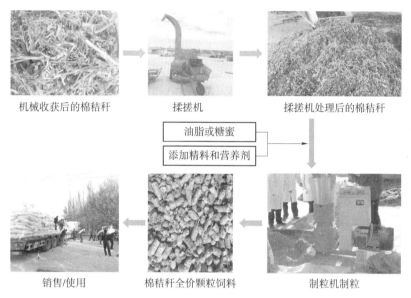

机械收获后的棉秸秆　　　揉搓机　　　揉搓机处理后的棉秸秆

油脂或糖蜜
添加精料和营养剂

销售/使用　　　棉秸秆全价颗粒饲料　　　制粒机制粒

图 4-9　棉秸秆颗粒饲料制作流程示意图

3.注意事项

（1）制粒前，要控制粗饲料的粉碎细度，在不影响制粒效率的条件下，推荐粗饲料粉碎过 1.6～2.0 cm 的筛网，以避免饲料粉碎太细，影响牛羊瘤胃健康。一般情况下，粗饲料过大孔筛网的，可以考虑做直径为 1.0 cm 的颗粒。

（2）使用机器空载运行 10 min 观察各部件是否正常，检查电、水、油系统，确保无泄漏现象。

（3）粉碎机器工作时，送料量要适宜，并根据所要揉搓秸秆长度，通过合理调整刀片间隙来调整物料的揉碎程度。

（4）如果物料成型度不高，检查物料配比及含水量，然后进行处理。

（5）颗粒饲料贮存和销售运输过程中要严格防水。

三、棉秸秆蒸汽爆破技术

1. 棉秸秆蒸汽爆破技术原理

蒸汽爆破技术是将粉碎的棉秸秆放入特制设备内，在高温、高压的条件下保持一定时间后瞬间泄压，打断木质素、半纤维素和纤维素之间的酯键，使细胞中的营养物质释放出来的处理技术。蒸汽爆破处理过的棉秸秆，可以让更多的瘤胃微生物与暴露出的纤维素、半纤维素和其他营养物质接触，提高饲料消化效率。蒸汽爆破可分为两个阶段：首先，气相蒸煮阶段，木质素软化和部分降解，半纤维素降解成可溶性糖；其次，瞬间降压爆破阶段，利用气相饱和蒸汽和高温液态水瞬间降压产生的爆破力，将原料撕裂为细小纤维。

蒸汽爆破技术对低质饲料的开发，提高饲料营养价值起了重要作用。蒸汽爆破后的棉秸秆具有芳香气味，质地松软，适口性和饲料品质得到明显改善，提高了消化率。同时，蒸汽爆破技术可以达到有效脱去游离棉酚的作用（降解率约为30%）。

2. 棉秸秆蒸汽爆破工艺

蒸汽爆破棉秸秆生产流程主要分为以下步骤（图4-10，图4-11）。

（1）粉碎。将棉秸秆粉碎成合理长度，作为牛饲料粉碎成3～5 cm、作为羊饲料粉碎成1.6～2.0 cm。

（2）送料。通过上料螺旋输送机将粉碎的棉秸秆输送至料仓。

（3）加热加压。料仓密封后通入蒸汽，维持仓体内2.5 MPa的压力和220℃的温度，2 min后瞬间释压。

（4）降温干燥。蒸汽爆破后的原料，经风冷降温到20～40℃。

（5）包装、饲喂。降温后的秸秆即可进行包装或饲喂。

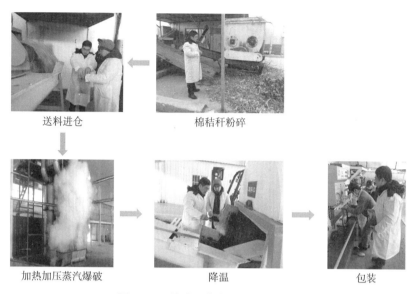

送料进仓　　　　棉秸秆粉碎

加热加压蒸汽爆破　　　降温　　　　包装

图 4-10　棉秸秆蒸汽爆破生产流程

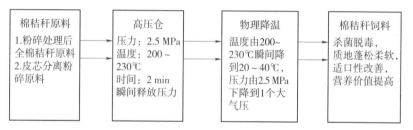

图 4-11　棉秸秆蒸汽爆破工艺参数

3. 注意事项

（1）操作前，检修蒸汽爆破设备，确保安全。

（2）生产过程中注意人身安全，防止机械、蒸汽等对人体的伤害。

蒸汽爆破属于气体热压膨化，是一种物理和化学相结合的纤维处理工艺。秸秆膨化机属于挤压膨化，是一种通过机械挤压，将物料挤出膜孔，将机械能直接转化为热能，瞬间产生高温高压，骤然降压而实现物料体积膨大的纤维处理工艺。其可以破坏秸秆表面蜡质膜，使秸秆细胞壁断裂，从而达到秸秆细胞内可消化养分充分释放的目的，提高秸秆的利用价值。棉秸秆的机械挤压膨化已在畜牧生产中得到应用（图4-12），但棉秸秆的机械挤压膨化的效果还有待于进一步研究。

机械收获后棉秸秆　　　　　　膨化机　　　　　　膨化棉秸秆

图 4-12　棉秸秆膨化流程

第四节　棉秸秆化学加工调制技术

棉秸秆的化学处理方法主要有碱化、氨化和酸化处理技术，由于酸处理秸秆的基本原理与碱化处理相同，但效果不如碱化处理，故本节主要对棉秸秆碱化和氨化的加工调制技术进行介绍。

一、棉秸秆碱化处理技术

1. 棉秸秆碱化技术原理

秸秆中的木质素限制了棉秸秆营养物质的吸收转化，木质化程度越高、消化率越低。碱化的原理就是在一定浓度碱液（通常占秸秆干物质的 3%～5%）的作用下，打破粗纤维中纤维素、半纤维素、木质素之间的醚键或酯键，增加纤维素之间的空隙度，使细胞壁膨胀、疏松，增大瘤胃微生物附着的表面积，提高纤维素的降解率。同时，碱化技术可以去除部分游离棉酚，有研究发现氢氧化钠和氢氧化钙对棉秸秆中游离棉酚的降解率约为 65%。

2. 棉秸秆碱化工艺

棉秸秆碱化工艺主要包括饲料准备、准确计量和碱液处理等步骤（图 4-13）。

（1）棉秸秆饲料的准备。根据饲喂对象不同，用揉丝机等处理棉秸秆，羊、牛切短长度分别以 1～2 cm 和 3～4 cm 为宜。

（2）准确计量。因切碎、粉碎的棉秸秆原料重量较小，约为30～50 kg/m³，为保证碱处理剂的用量准确，应准确称量棉秸秆。

（3）碱液处理。碱液处理过程中氢氧化钠或氢氧化钙的碱液浸泡（喷洒）是为了让棉秸秆与碱液充分接触，但溶液的浓度、处理时间等技术参数有所差别。

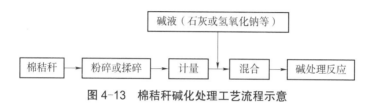

图 4-13　棉秸秆碱化处理工艺流程示意

3. 棉秸秆的氢氧化钠处理

（1）喷洒—清洗模式。按 100 kg 秸秆需碱溶液 6 kg 计算用水量，配制 1%～2% 的氢氧化钠溶液备用。将棉秸秆切短后用配好的碱溶液喷洒、调拌均匀湿润后堆积 6～7 h，饲喂时用清水冲洗一遍，以免碱中毒。

（2）浸泡—晾控—熟化模式（图 4-14）。按 0.6 kg 氢氧化钠溶解在 30 kg 水中制作 1.5% 氢氧化钠溶液，将棉秸秆切短后用配好的氢氧化钠溶液浸泡 0.5～1 h，捞出晾干 0.5～2 h 后堆放熟化 3～6 d 后即可饲喂牛、羊。进行第二批浸泡时要添加清水，并按每10 kg 秸秆加 0.60～0.65 kg 氢氧化钠，以保持 1.5% 氢氧化钠的浓度。

氢氧化钠处理秸秆存在腐蚀性强、处理过程较为繁杂、污染土壤引发局部土壤盐碱化和处理后的秸秆的粗蛋白质含量并没有提高等不利影响。

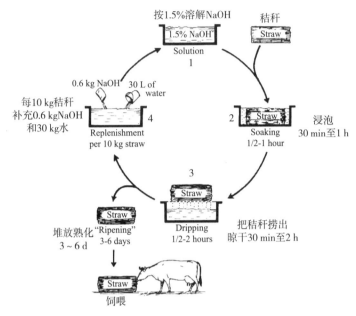

图 4-14　棉秸秆氢氧化钠处理工艺流程示意（引自 Sundstol，1981）

4. 棉秸秆的石灰处理

石灰处理实际上就是氢氧化钙处理棉秸秆，根据石灰原料的不同，又分为石灰乳碱化法和生石灰碱化法。

（1）石灰乳（碳酸钙）碱化法。化学反应式为：石灰（$2CaCO_3$）+水（$2H_2O$）→ $Ca(HCO_3)_2$+ 熟石灰 $[Ca(OH)_2]$。处理时取 4.5 kg 石灰溶于 100 kg 水中，调制好石灰乳溶液，滤去杂质备用。再将粉碎的棉秸秆（40～50 kg）按棉秸秆与石灰乳（1 : 2）～2.5 的比例添加浸泡 3～5 min 捞出，滤去残液，晾干堆放 24 h 后即可饲喂家畜（图 4-15）。用此种方法处理秸秆，不需要用清水冲洗即可饲喂，石灰乳可使用 1～2 次，消化率可提高 20%～30%，比较节约成本。

（2）生石灰（氧化钙）碱化法。化学反应公式为：生石灰（CaO）+水（H_2O）→熟石灰 $[Ca(OH)_2]$+ 热量。处理时每 100 kg 粉碎棉秸秆中喷洒 22～32 kg 水，使粉碎棉秸秆的含水量达 30%～40%，然后把 3～6 kg 生石灰粉均匀撒到潮湿的粉碎棉秸秆上，搅拌均匀，密封保存 3～4 d 后即可饲喂（图 4-16）。此法处理的秸秆消化率可提高 15%～20%，钙含量增高，钙、磷比达（4∶1）～（9∶1）。此外，为防止棉秸秆发霉，可加入 1% 的尿素。

图 4-15　棉秸秆石灰乳浸泡处理

图 4-16　棉秸秆生石灰处理

二、棉秸秆氨化处理技术

1. 棉秸秆氨化技术原理

棉秸秆氨化处理就是将液氨（NH_3）、氨水（$NH_3 \cdot H_2O$）或尿素 $[CO(NH_2)_2]$ 溶液等按一定比例加入粉碎好的棉秸秆中，在常温、密闭的条件下，经过一定时间保存，可提高棉秸秆饲用价值的过程。棉秸秆氨化的化学反应本质是秸秆饲料中的有机物与氨发生氨解反应，OH^- 可以破坏木质素与多糖（纤维素、半纤维素）链间的酯键结合，把难以消化的纤维素变成易于消化的物质；NH_4^+ 与秸秆中的氮形成铵盐，被瘤胃微生物利用合成菌体蛋白，进而被动物利用。同时，氨溶于水后形成的氢氧化铵对粗饲料具有碱化作用，使木质素膨胀，通透性增高，有利于可消化纤维与消化酶充分接触，提高棉秸秆的消化率。因此，氨化处理是通过碱化与氨化双重作用来实现提高棉秸秆的营养价值目的的过程。棉秸秆经氨化处理后，粗蛋白质含量（含铵盐等无机氮源）可提高 100%～150%，纤维素含量降低 10%，有机物消化率提高 20% 以上，游离棉酚降解率为

44.25%。

2. 棉秸秆氨化工艺

氨化处理工艺根据氨源（液氨、氨水或尿素等）和容器［塑料袋（图 4-17）、窖（图 4-17）、堆垛和炉等］的不同有所不同。本节主要介绍尿素氨化处理棉秸秆的工艺流程。

（1）氨化前的材料及设备准备：①饲料原料的准备。准备秸秆收获机收获的揉丝粉碎棉秸秆，或将长棉秸秆揉丝粉碎成 2～3 cm 的原料备用。②尿素准备。一般秸秆中的尿素按秸秆量的 3%～5% 添加。棉秸秆的尿素添加量按 3.5%～4% 添加。如对 100 kg 棉秸秆进行氨化处理，则需准备 4 kg 尿素。③准备氨化设施。根据条件，准备窖、壕、塑料袋等可以密闭的设施或用具。

（2）尿素溶液的制备。棉秸秆氨化时水分应控制在 30%～40%。例如，棉秸秆含水率 9%，则 100 kg 棉秸秆进行氨化处理，需额外添加 21～31 kg 的水。因此，可将准备好的 4 kg 尿素溶解到 21～31 kg 水中，搅拌均匀制成 11.4%～16% 的尿素溶液。

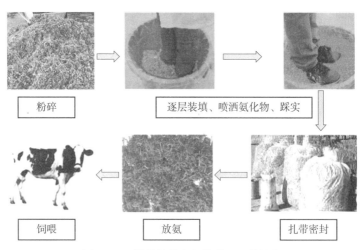

粉碎　　逐层装填、喷洒氨化物、踩实

饲喂　　放氨　　扎带密封

图 4-17　袋装棉秸秆氨化处理工艺流程

（3）压实、喷洒、装窖。将棉秸秆装窖约 15～20 cm，均匀喷洒尿素溶液，将棉秸秆再装窖约 15～20 cm，踩实或压实。然后继续重复上面步骤装填并压实物料。有条件的，让棉秸秆与尿素溶液混合均匀后，再装窖逐层压实。

（4）封窖与氨化。窖池装满后，在顶层洒一层盐（2～4 kg/m²），再盖上塑料布或青贮膜密封。氨化时间与环境温度密切相关，环境温度低于5℃，氨化时间需8周以上；5～15℃，4～8周；15～20℃，2～4周；20～30℃，1～3周；高于35℃，脲酶活性会受到抑制，此时不宜进行氨化。

（5）开窖饲喂。氨化成功的棉秸秆，颜色发亮或呈棕色，具有糊香味，质地柔软。饲喂氨化饲料时要由少到多，与其他饲料混合饲喂，7～10 d逐步过渡完成。

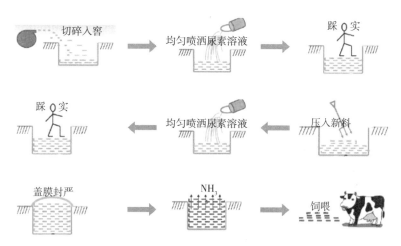

图 4-18 窖池棉秸秆氨化处理工艺流程

3.注意事项

采用化学方法处理棉秸秆时，要严格按照工艺要求配制化学制剂的浓度，防止中毒。

第五节 棉秸秆的生物加工调制技术

棉秸秆的生物加工调制技术是利用微生物及其所产生的具有一定功能活性的酶的生物降解作用，降低纤维素含量，提高消化率，降低游离棉酚含量，达到改善饲料品质的目的。研究证实，使用复合生物添加剂调制饲料的效果比使用单一制剂的效果好。与棉秸秆单一原料微贮相比，更多是使用棉秸秆与甜菜渣等多汁饲料进行混贮的更多，这种方法不但可以补充棉秸秆中水分含量，而且可以发挥多汁饲料营养物质较为丰富，有利于微生物生长的优势。使用微贮技术处理棉秸秆，可改善饲料柔软性和适口性，提高饲喂的安全性和饲料消化率，菌酶协同发酵技术，增加秸秆饲料的附加值，节省饲料生产成本，提高反刍动物对饲料的利用率，成为当前最具潜在价值和发展前景的棉秸秆饲料调制技术。

一、棉秸秆微贮技术

1. 技术原理

棉秸秆微贮技术是在固体发酵的过程中，利用微生物产生的酶和蛋白，将纤维素水解形成单糖物质，将有毒的游离棉酚转化为性质稳定、对动物无害的结合棉酚。其原理是利用微生物生长繁殖过程中产生的特殊酶蛋白等代谢产物，分解多糖类物质和粗纤维等以及抑制有害成分的滋生，使其化合键断开，生物结构遭到破坏，多糖物质分解为单糖，糖再氧化成酸，使 pH 值降低，抑制其他微生物繁殖，增加微生物中可利用的物质。另外，微生物在生长过程中会产生一些分泌物，如蛋白酶、纤维素酶、脂肪酶、果胶酶等，这些酶可能会将有毒性的游离棉酚降解，或者与游离棉酚结合成无毒的结合棉酚以达到脱毒的目的。

2. 技术工艺

棉秸秆微贮工艺与玉米青贮工艺流程相同，主要包括棉秸秆的粉碎、微生物添加剂和其他辅料的准备、装窖、压实、密封发酵等过程。主要步骤如下：

（1）棉秸秆粉碎。准备秸秆收获机收获的揉丝粉碎棉秸秆，或将长棉秸秆揉丝粉碎成 2～3 cm 的原料备用，粉碎的棉秸秆水分应小于 17%，以便长期保存。

（2）菌剂及辅料准备。准备玉米面、食盐和微贮菌剂等备用。微贮菌剂按"使用说明书"进行"菌种的活化"和"菌液配制"（图 4-19）。"菌液配制"的用水量按棉秸秆量的 1.767 倍准备，即做 100 kg 的微贮棉秸秆（含水率 70%），则需棉秸秆 36.15 kg，水 63.87 kg（大约）。

（3）装窖、喷洒和压实。棉秸秆铺 20 cm 厚，喷一次菌液，并撒入 5% 的玉米粉，再将棉秸秆铺 20 cm 厚，再喷一次菌液，并再撒入 5% 的玉米粉，如此反复操作，直至微贮棉秸秆压制完成。

（4）覆盖密封。顶部采实后，撒入 2～4 kg/m² 的食盐以防表层霉烂，然后盖上薄膜，上压 20 cm 土即可封窖。环境温度 10℃以上，窖贮密封发酵 45 d 即可开窖饲喂。

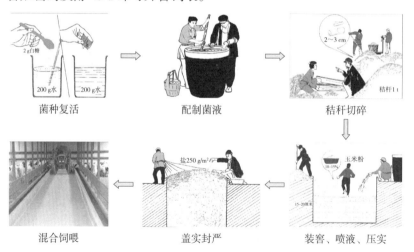

菌种复活　　　　　　配制菌液　　　　　　秸秆切碎

混合饲喂　　　　　盖实封严　　　　装窖、喷液、压实

图 4-19　棉秸秆微贮工艺流程图

3. 注意事项

（1）调整棉秸秆水分时应采用喷洒的方式均匀缓慢地补水，切

忌用水管直接补水。

（2）密封要严，保证微贮发酵设施的密封性，如有漏气之处应及时修复。

（3）加强日常管理，防止空气、雨水等进入窖内引起饲料发生霉变。

二、棉秸秆酶制剂处理技术

目前，市场上有许多不同品牌的生物添加剂（青贮酶制剂，菌酶制剂），但都是针对玉米青贮研发的生物添加剂，专门针对棉秸秆的产品鲜有见到。现阶段使用酶制剂制作棉秸秆发酵饲料时，可用玉米青贮酶制剂替代。因此，研发专门用于棉秸秆的酶制剂或菌酶制剂将会进一步推动棉秸秆饲料化利用。

1. 酶制剂技术原理

应用酶制剂对秸秆进行处理，不仅可以改善饲料适口性，提高家畜采食量，还能提升纤维素的利用率。植物细胞壁主要由粗纤维组成，包括木质素、纤维素、半纤维素、果胶等。酶制剂处理秸秆，主要利用了纤维素酶的功能，即破坏纤维素的结晶结构，使其产生形变，从而深入纤维素分子界面之间进行作用，有助于破坏纤维素分子之间的氢键，进而产生部分可溶性的微结晶，为进一步降解提供条件。纤维素酶制剂有蛋白酶、淀粉酶、果胶酶和纤维素酶等组成的多酶复合物，在这种多酶复合体系中，一种酶的产物可以成为另一种酶的底物，从而使消化道内的消化作用得以顺利进行。即纤维素酶除直接降解纤维素，促进其分解为易被动物消化吸收的低分子化合物外，还和其他酶共同作用，提高动物对饲料营养物质的分解和消化。因此，酶制剂处理的秸秆可以大大提高家畜代谢水平，有利于家畜的生长发育。

2. 棉秸秆酶制剂工艺

棉秸秆酶制剂工艺分为体内酶解法和体外酶解法。体内酶解法是先将棉秸秆进行微贮再添加一定比例的酶制剂，通过动物采食进入动物体内。本节主要介绍体外酶解法，棉秸秆酶发酵工艺与棉秸秆微贮工艺流程相同，即把纤维素酶与棉秸秆拌匀后，在一定温度、湿度和 pH 值下堆积或密封发酵一定时间后饲喂动物。过程主要包括酶制剂的准备、棉秸秆的粉碎、装窖、压实、密封发酵等过程。但根据酶制剂的特点，也有不同之处。具体操作如下（图 4-20）。

（1）棉秸秆粉碎。将机械收获的棉秸秆进行揉丝粉碎成 2～3 cm 的原料备用，并保证棉秸秆无发霉情况。

（2）酶制剂准备。外源酶的添加水平与其作用效果呈线性关系，添加量的不足往往致使处理效果不明显，但添加量的过剩反而产生负效应，选择作用效果较好的最低剂量，酶活单位一般 ≥10 000～20 000 U/g，按照每吨发酵饲料添加 0.5～1 kg 酶制剂，用 30～35℃温水稀释之后备用。

（3）装窖、喷洒和压实。棉秸秆铺 20 cm 厚，喷一次酶液，再将棉秸秆铺 20 cm 厚，再喷一次菌液，如此反复操作，保证酶液喷洒均匀，直至微贮棉秸秆压制完成。调制过程中控制棉秸秆的含水量在 50%～60%，如调制 40 kg 棉秸秆（含水率 60%），需添加 60 kg 的水（包括喷洒的酶液）。

（4）覆盖密封。顶部压实后，盖上薄膜，上压废旧轮胎或 20 cm 土即可封窖。窖贮密封发酵 30～40 d 后，即可开窖饲喂。

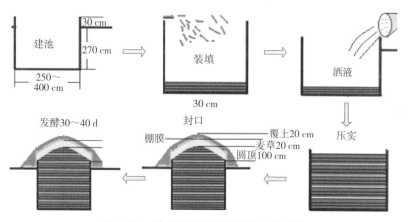

图 4-20 棉秸秆酶制剂预处理工艺流程

3. 注意事项

（1）外源性酶制剂对贮存环境和技术操作均有较为严格的要求，操作不当会影响棉秸秆处理效果，操作中须严格按照技术规程执行。

（2）降低环境对酶制剂处理棉秸秆的影响，如漏气、温度过低、雨水进入等引起窖内饲料中的酶失去活性。

第六节　棉秸秆复合处理技术

现代饲料加工调制技术是通过两种以上的加工方法来实现的，单一的加工调制技术已经不能满足当前畜牧业生产的需要。目前推行的动物日粮加工调制技术是根据家畜品种和生理阶段设计科学的饲料配方，然后将精饲料、粗饲料、添加剂等各种原料按照饲料配方进行混合，调制成科学、经济、能够满足动物各种营养需要的日粮，最终以全价颗粒饲料、全混合日粮（TMR）等形式进行利用。基于多年的研究与生产实践，棉秸秆复合处理技术主要包括以下 6 种模式。

一、棉秸秆田间收获—二次粉碎—配合利用技术

棉秸秆田间收获—二次粉碎—配合利用技术是指田间棉秸秆经收获机械进行初步揉丝粉碎后，使用揉搓机等机械设备将棉秸秆再粉碎一遍，以减小秸秆长度和直径，最后根据科学饲料配方把各种饲料原料混合均匀后饲喂家畜的利用模式（图 4-21）。该模式操作较为简便，推广性强，适用于不同规模养殖类型。通过二次粉碎，可再次粉碎田间机械收获的棉秸秆中的坚硬主茎，提高物料长度均一性，有利于营养全面的配合日粮的调配，达到提高饲料适口性、保证动物营养供给、减少浪费的目的，增加养殖收益。

二、棉秸秆田间收获—二次粉碎—制粒利用技术

棉秸秆田间收获—二次粉碎—制粒利用技术是将田间机械收获棉秸秆进行二次粉碎，破碎坚硬的主茎，提高粉碎棉秸秆的均一性，再按照日粮配方将棉秸秆与其他饲草料混合均匀，一同送入制粒设

备中，物料在制粒设备中的模板与轧轮之间的挤压下通过模板，加工成颗粒饲料（图4-22）。处理后的棉秸秆具有改善饲料的适口性、提高采食量和消化率、便于储存和运输，辐射半径大等优势。同时，粉碎和制粒过程中产生的高温不仅可以杀灭饲料中的有害细菌，还可去除一部分棉秸秆中的游离棉酚。

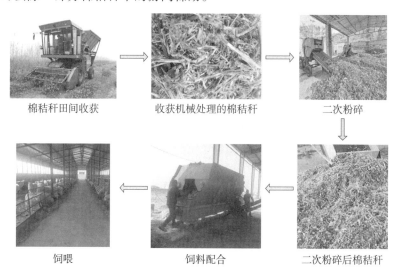

棉秸秆田间收获　　　　收获机械处理的棉秸秆　　　　二次粉碎

饲喂　　　　　　　饲料配合　　　　　二次粉碎后棉秸秆

图4-21　棉秸秆田间收获—二次粉碎—饲料配合利用模式示意

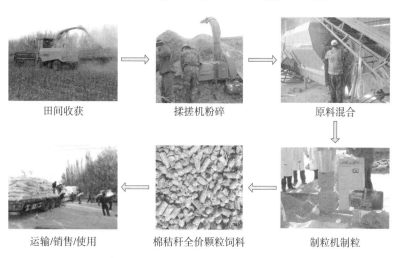

田间收获　　　　揉搓机粉碎　　　　原料混合

运输/销售/使用　　棉秸秆全价颗粒饲料　　　制粒机制粒

图4-22　棉秸秆田间收获—粉碎—制粒利用技术模式示意

三、棉秸秆田间收获—熟化脱酚—制粒利用技术

棉秸秆田间收获—熟化脱酚—制粒利用技术主要是指将棉秸秆用揉丝粉碎机进行粉碎处理后，按照科学日粮配方将棉秸秆与其他原料混合均匀，一同送入炒锅进行熟化，在180℃条件下熟化5～6 min，再利用制粒技术制作成全价颗粒饲料进行利用（图4-23）。棉秸秆经过上述处理后，可大幅提高饲料的适口性和消化率，并使游离棉酚含量降低20%～60%。

田间收获　　　　　　　原料混合　　　　　　　炒锅熟化

饲喂/销售　　　　棉秸秆全价颗粒饲料　　　　制粒机制粒

图4-23　棉秸秆田间收获—熟化脱酚—制粒利用技术模式示意

四、棉秸秆田间收获—蒸汽爆破与微生物联合处理—配合利用技术

棉秸秆田间收获—蒸汽爆破与微生物联合处理—配合利用技术是指将田间机械收获的棉秸秆送入蒸汽爆破设备料仓后，维持仓体内2.5 MPa的压力和220℃的温度，2 min后瞬间释压，爆破的原料经风冷降温到20～40℃，再加入菌种进行固体发酵，发酵好的饲料按照日粮配方制作成全价配合日粮进行使用（图4-24）。棉秸秆

田间收获—蒸汽爆破与微生物联合处理—配合利用技术处理后的棉秸秆主要有以下特点：①棉秸秆变得柔软蓬松、饲料适口性提高；②高温高压消灭了病原微生物，饲料品质提高；③降低棉秸秆的纤维含量，尤其是半纤维素含量；游离棉酚可降低87%左右。蒸汽爆破技术由于需要相应的机械设备、资金和技术投入，因此，适用于一定规模的饲料加工厂，养殖场（户）可采购处理好的棉秸秆饲料，再进行全价日粮的调配工作。

田间收获　　　　　　蒸汽爆破　　　　　　包装密封

饲喂　　　　　　TMR调制　　　　　　微贮

图4-24　棉秸秆田间收获—蒸汽爆破与微生物联合处理—
配合利用技术模式示意

五、棉秸秆田间收获—微贮—配合利用技术

秸秆田间收获—微贮—配合利用技术是指田间收获的棉秸秆经机械揉丝粉碎后，采用微贮技术将棉秸秆进行固体发酵，达到改善饲料柔软性和适口性，提高饲料消化率的目的（图4-25）。发酵过程中，在微生物的作用下可将棉秸秆中对畜禽有害的游离棉酚转化为对动物无害的结合棉酚，提高饲喂的安全性。制作好的棉秸秆发酵饲料，经饲料配合利用技术调制成营养全面的配合

日粮，达到提高饲料适口性，提高动物生产性能和减少浪费的目的。

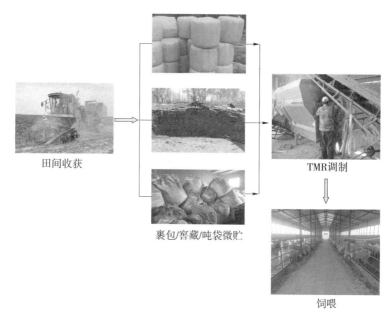

图 4-25　棉秸秆田间收获—微贮—配合利用技术模式示意

六、棉秸秆田间收获—二次粉碎—微贮—饲料配合—制粒利用技术

棉秸秆田间收获—二次粉碎—微贮—饲料配合—制粒利用技术是将田间收获的棉秸秆进行二次粉碎、微生物处理、日粮调配和制粒等多种加工模式综合利用的技术（图 4-26）。这种模式最大的缺陷是需将微贮的棉秸秆进行适当烘干后才能大量利用，在一定程度上增加了加工成本。

田间收获棉秸秆 　　　　二次粉碎 　　　　微生物处理

制粒 　　　　饲料配合 　　　　微贮烘干

图 4-26 　棉秸秆田间收获—二次粉碎—微贮—饲料配合—
制粒利用技术模式示意

第七节　棉秸秆饲料化利用的注意事项

棉秸秆的饲料化利用应遵循安全和科学利用的原则。由于棉秸秆质地坚硬，使用前应进行预处理、饲料配合等操作，以达到提高动物适口性、饲料转化效率、增加养殖收益等方面的目的。为避免生产中出现不良后果，本节主要就棉秸秆在预处理、保存、饲喂等过程中，易被人们忽视的问题以及相关注意事项进行总结，供读者参考，具体如下。

（1）棉花生长过程中会多次喷洒农药，因此，棉秸秆饲料化利用时应结合当地农技部门用药实况，确保安全。

（2）加强饲料的储藏管理，做到防雨、防雪、防晒，避免棉秸秆饲料发生霉变、结块、异味等现象。

（3）棉秸秆的营养价值较低，应注意日粮合理搭配和饲料来源多元化，满足动物对能量、蛋白质、纤维、矿物质和维生素等营养的需求。如果只给牛羊饲喂微贮棉秸秆或单一饲料，牛羊会因营养缺乏或某些营养元素缺乏而影响生长和健康。绵羊配合日粮中棉秸秆的添加比例以 20%～30% 为宜。棉秸秆全价日粮配制时，要注意钙磷平衡，羊全混合日粮的钙磷比须控制在（1.5～2）∶1，牛全混合日粮的钙磷比须控制在（1～7）∶1。

（4）饲喂颗粒饲料时，要保证足够的饮水，否则会影响家畜正常采食和健康。同时，适当补饲长草供动物自由采食。

（5）经蒸汽爆破处理的高水分棉秸秆饲料，冬季饲喂时应确保无结冰现象，如发现冰冻，应解冻后再使用。

（6）碱化处理只是改善了棉秸秆适口性和饲料品质，提高了消化率，并没有改变秸秆的化学成分。因此，在饲喂牛羊时应注意营养搭配，制定科学的日粮配方。碱化棉秸秆在日粮中的适宜占比通常不超过 20%，一般采取碱化棉秸秆与精料补充料、干草类饲料以及多汁饲料等混合饲喂牲畜。氢氧化钠处理的棉秸秆中的钠含量较高，家畜采食后饮水量和排尿量增多，尿中的钠量大大增加，因此，要保证充足的饮水。在实际生产中，经碱化的棉秸秆通常有较强的碱味儿，颜色比正常的棉秸秆更深，根据加入碱的量呈现黄褐色、红褐色或褐色。若棉秸秆出现白色、有霉味儿，此时的棉秸秆已经发霉变质，不能饲喂家畜。石灰处理棉秸秆过程中，要注意预防霉变。此外，石灰处理棉秸秆含钙量升高，调配日粮时须注意钙磷平衡。

（7）氨化棉秸秆只适用于断奶的反刍家畜，初次使用应少量饲喂，可与青干草搭配使用，待牲畜适应氨化秸秆 7～10 d 后，方可加大饲喂量，饲喂量一般不超过日饲喂量的 40%，同时要注意搭配精料补充料和干草类饲料，以提高饲喂效果。此外，动物饥饿时不宜饲喂大量氨化饲料。取喂氨化棉秸秆时，应按用量合理取料，并在阴凉处摊开放置 24 h 以上，直至氨气散尽，没有刺激的氨味儿、呈糊香味时方可使用，不可将带有氨味儿的棉秸秆拿来直接饲喂牲畜。袋装氨化棉秸秆取料时应从袋口自上而下切取，不可掏洞取料或全面打开，也不能撕破塑料袋取料；每次取料后要将袋口封严，防止氨损失或进水导致腐烂变质。

（8）给动物饲喂微生物和酶制剂处理的棉秸秆时，应遵循循序渐进的原则，逐步增加，换料期一般为 7～10 d。每天适宜的饲喂量可根据家畜体重而定，大致范围为：产奶牛 15～20 kg/ 头、育成牛 10～20 kg/ 头、肉牛 10～20 kg/ 头、犊牛 4～8 kg/ 头、羊 1～2 kg/ 只。调配日粮时，应避免使用霉变饲料。冬季气温较低时，冰冻饲料在室内解冻后再使用，否则容易引起掉膘、腹泻等情况的发生。开窖取用微贮棉秸秆时，注意控制取料面和每天的掘进进度，尽量减少饲料暴露在空气中的程度，防止二次发酵。

第五章
棉副产品饲料化利用模式

饲料投入占生产投入成本的60%～70%，提高饲料利用效率不但可以有效降低畜牧生产的投入成本，还可以提高养殖效益，最终共同促进畜牧生产经济收益的提升。由于受畜牧生产投入成本、养殖设备和畜禽养殖规模等生产要素的限制，规模化养殖场和散养户在棉副产品饲料化利用模式上存在一定差异，本章基于不同饲养规模推荐适合各自特点的棉副产品饲料化利用模式及适宜不同生理阶段的绵羊日粮配方。

第一节 棉副产品饲料化的规模场利用模式

饲料的加工调制技术及饲料利用效率的水平往往是客观反映规模饲养管理水平好坏的评价环节之一。规模场由于日粮配方均衡调配、饲料原料预处理技术逐渐完备、日粮精细加工调制、日粮精准投放和饲养管理程序化等环节的进步，可较大规模地实现均一化、高效率的饲料加工调制，以提高饲料的饲用价值，提高养殖效益。随着规模场集约化和现代化程度的提高，棉副产品已作为有效降低日粮成本的非常规饲料原料在畜牧生产中加以应用。因此，本节讨论适宜的规模场棉副产品饲料化利用模式，以提高规模场饲料的利用效率和养殖经济效益。

一、TMR利用模式

TMR利用模式是指将棉籽饼粕、全棉籽、棉花秸秆、棉籽壳以及棉花机渣等棉源饲料原料或预处理的产品按照动物日粮配方与其他粗饲料、精饲料、矿物质和维生素等添加剂利用 TMR 搅拌设备充分混合，供动物自由采食的利用模式。

优点如下：①降低动物对棉源饲料的挑食，减少浪费。②搭配科学，可有效控制日粮游离棉酚含量，最大限度提高棉副产品的使用量。③根据不同棉副产品的特点，优化饲料组合，合理配伍，提高动物生产性能，例如适量全棉籽的摄入可提高产奶牛乳脂率。④营养均衡，动物采食量高，在降低饲料成本的同时，提高动物的生产性能和饲料的利用效率，增加养殖效益。⑤提高家畜繁殖性能。⑥可用移动式搅拌车或农用机械将 TMR 运送至畜舍直接饲喂。

（一）材料准备

TMR 原料的选择，应以饲料来源多源化为原则，将棉籽饼粕、毛棉籽、脱酚棉蛋白、棉籽壳、采棉机渣、棉秸秆或进行预处理过的棉源饲料，以及其他饲料原料，投进 TMR 机加以利用。

（1）棉源蛋白饲料。从轧花厂批量购入毛棉籽需严格控制水分（<12%），料棚或者露天篷布遮盖存放，防止雨水渗入；定期检查堆放温度，如大于 30℃，且温度持续提高，则需摊开、通风、干燥，以防变质、酸败、发霉。从油脂厂购入的棉籽饼粕和脱酚棉蛋白需仓库储存，保持水分 12% 以下，要定期查看是否结块，及时处理，且预防老鼠破坏；此外，还可从饲料生产厂家购买含有棉籽饼粕、脱酚棉蛋白的精料补充料用于 TMR 的生产。

（2）棉源粗饲料。利用秸秆收获机将棉秸秆、采棉机渣收获后运回养殖场堆放至料棚，防止暴晒和淋雨发霉。棉秸秆可直接制作 TMR，也可二次粉碎至 1～2 cm，微贮或其他处理方式处理（参见第三章）后进入 TMR；采棉机渣无需粉碎，除尘后直接 TMR 混合或预处理（微贮等）后进入 TMR。轧花机渣和棉籽壳分别从轧花厂和油脂厂批量购买后避雨保存，保持水分低于 14%，无需粉碎，可微贮或其他方式处理（参见第三章）后进入 TMR。以上棉源粗饲料使用前都需清理塑料薄膜、滴灌带等，露天存放时需遮盖防雨。

（3）其他精料。玉米籽实收获后，仓库储存，水分保持 12% 以下，制作 TMR 前需粉碎备用，麸皮、豆粕、菜籽粕、葵粕等购置后，防潮防雨，保持干燥、通风存放，勤检查，避免结块和老鼠破坏。将玉米、麸皮、棉籽饼粕、小料（预混料、小苏打和盐等）按照日粮配方称重后投入精料搅拌机，混匀后装袋备用。

（4）其他粗料。青干草、玉米秸秆、小麦秸秆等收获后晒干打捆运回养殖场堆垛保存，水分保持 14% 以下，使用前提前散捆，清理塑料薄膜、滴灌带以及其他杂物；青贮玉米收获后入青贮窖压实密封发酵 30d 备用；块根、块茎类等使用前需去土和冲洗干净，糟渣类使用前应丢弃霉变的部分。

（5）小料的混合。将购置的小苏打、食盐、预混料等仓库保存，避雨避水防潮防结块。使用前与玉米粉、麸皮进行等量混合均匀，逐级放大。

（二）日粮调配

日粮配方是 TMR 制作和管理的核心，影响家畜饲养管理效果和养殖效益。TMR 日粮调制需遵循 4 个原则：一是动物分群；二是以干物质为基础，根据不同种畜群和不同阶段畜群的营养需要，调制不同营养水平的 TMR 日粮；三是饲料原料种类应多样化；四是保证适宜的酸碱度和容度。

（1）确定营养需要。根据家畜分群（生理阶段和生产水平）、体重和膘情等情况，以该阶段家畜饲养标准为基础，适当调整家畜营养需要。根据营养需要确定 TMR 的营养水平，预测其干物质采食量，合理配制家畜日粮。

（2）原料成分测定。因原料的产地、收割季节及调制方法的不同，其干物质含量和营养成分都有较大差异，故 TMR 原料应每批化验一次。原料水分是决定 TMR 饲喂成败的重要因素之一，其变化必将引起日粮干物质含量的变化。因此，每周至少检测一次原料水分（主要是含水分较高的粗饲料）。原料的粗蛋白、粗脂肪、粗纤维、水分、钙、总磷和粗灰分的测定分别按照 GB/T 6432、GB/T 6433、GB/T 6434、GB/T 6435、GB/T 6436、GB/T 6437 和

GB/T 6438 进行。

（3）配方设计。根据确定的 TMR 营养水平和选择的饲料原料，分析比较饲料原料成分和饲用价值，设计最经济的饲料配方。

TMR 配方必须充分考虑家畜生长性能、体重、年龄、生理阶段、体况、气候因素以及各种应激；其次要考虑家畜需要的各种营养成分的平衡。瘤胃微生物利用能量和降解氮等营养物质合成菌体蛋白质，无论能量和降解蛋白哪个过剩，都会造成浪费。在日粮配合时，尽量做到日粮的能氮平衡，避免能量或降解氮的浪费。

冯仰廉（1987）提出瘤胃能氮平衡的概念和应用方法。其计算方式为：

瘤胃能氮平衡＝用可利用能估测的微生物菌体蛋白（MCP）－用瘤胃降解蛋白（RDP）估测的微生物菌体蛋白（MCP）

＝可发酵有机物（FOM）×168.9- 瘤胃降解蛋白质（RDP）×0.9

＝可消化有机物质（DOM）×144.0- 瘤胃降解蛋白质（RDP）×0.9

＝奶牛能量单位（NND）×40- 瘤胃降解蛋白质（RDP）×0.9

（4）TMR 日粮调制注意事项。一是既要满足家畜营养需要，也要追求日粮成本最小化。精料补充料干物质最大比例不超过日粮干物质的 60%。保证日粮降解蛋白质（RDP）和非降解蛋白质（UDP）相对平衡，适当降低日粮蛋白质水平。添加保护性脂肪和棉籽等高能量饲料时，日粮脂肪含量（干物质基础）不超过 6%。

（5）棉副产品在日粮中的比例。需综合衡量配方中毛棉籽、棉粕、棉秸秆、采棉机渣、棉籽壳等所含游离棉酚的总含量，具体棉副产品的添加量请参考第二、第三、第四章节，羊生产用配方请参考本章第三节。

（三）TMR 加工调制

TMR 加工调制主要包括原料的预处理、原料的称量、充分混合和质量评价等环节（图 5-1），具体操作步骤如下。

（1）将准备好的棉秸秆或棉花机渣、棉籽饼粕、棉籽壳、毛棉籽与其他饲料原料按照日粮配方以及 TMR 机容重计算用量并称重准备，填料量应不高于 TMR 搅拌机/车总容积的 80%。

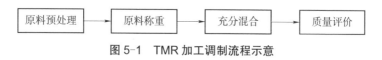

图 5-1　TMR 加工调制流程示意

（2）投料顺序需要衡量棉副产品情况，如棉秸秆没有二次粉碎（至 1～2 cm），则需先将称重好的棉秸秆先投入 TMR 机中进行搅拌粉碎（其他长粗饲料亦如此）10 min，微贮的棉秸秆、棉籽壳、棉花机渣与毛棉籽、棉粕及其他饲料按照"先干后湿、先轻后重、先长后短、先大量后小量"的顺序进行投料；微量原料需与其他精料提前混匀后投入。棉秸秆和棉花机渣在投入时需防止塑料膜、滴灌带等混入，此外投料过程中须避免铁器、石块、包装绳等异物混入。

（3）根据棉副产品及其他饲料水分含量，控制 TMR 水分含量在 40%～50%，过干或过湿均会影响家畜干物质的采食量。若水分含量不足时，应在填料结束时加水补充，如发生原料变化和水分含量变化，应检测其水分含量。此外，投料过程中边填料粉碎搅拌边记录各原料重量，饲料原料全部填完后再混合 5～8 min，以不产生精粗饲料分离为原则，避免过度搅拌，最佳状态为精饲料均匀粘附在粗料上（图 5-2）。

（4）TMR 质量评价一般采用感官评价法或宾州筛过滤法。感官评价：感官新鲜，手握后松散不分离，色泽一致，无结块，不发热，无异味、无霉变。宾州筛过滤法：专用筛由 3 个叠加式的筛子和底盘组成。第一层筛孔径 19 mm，第二层筛孔径 8 mm，第三层筛孔径 4 mm，最下面是底盘。具体使用步骤：随机分 6 个点选取一定量的新鲜 TMR 饲料，重量 400～500 g，置于第一层筛上；若样品取多了可以用四分法缩样。将宾州筛置于平整地面上进行筛分，每一面筛 5 次，然后 90° 旋转到另一面再筛 5 次，如此循环 7 次，共计筛 8 面，40 次。注意在筛分的过程中不要出现垂直振动；筛分过程中还要注意力度和频率，保证饲料颗粒能够在筛面上滑动，让小于筛孔的饲料颗粒掉入下一层。推荐的频率每秒筛 1.1 次，幅度为 17 cm。筛分结束后，用电子称称量每层的饲料颗粒，并计算出每层的比例（图 5-3）。推荐比例如表 5-1 所示。

表 5-1　宾州筛评估各饲料的饲料粒径推荐比例

筛层	孔径	颗粒大小	玉米青贮比例	牧草青贮比例	泌乳牛 TMR 日粮比例
上层	19 mm	>19 mm	3%～8%	10%～20%	2%～8%
中层	8 mm	8～19 mm	45%～65%	45%～75%	30%～50%
下层	4 mm	4～8 mm	20%～30%	30%～40%	10%～20%
底层	–	<4 mm	<10%	<10%	30%～40%

图 5-2　含棉副产品的 TMR 日粮

图 5-3　宾州筛评价 TMR 日粮

（四）饲喂注意事项

（1）夏季使用微贮后的棉秸秆、棉籽壳、棉花机渣制作 TMR 时，应即时生产即时饲喂；其他季节，TMR 当天生产当天饲喂。每天饲喂 2～3 次。保证日粮新鲜度，每天剩料量不超过添加量的 3%，投料均匀，保证牲畜采食一致性。

（2）若调整 TMR 配方时，应需要 10 d 左右的过渡期，过渡期间逐量替换，体况不佳的个体需单独补饲，以达到适宜体况。

（3）饲喂饮水设备定期清洗和消毒。及时清扫食槽中残留的硬质棉秸秆等剩料，避免发热、发霉。

TMR 作为规模化养殖场家畜饲养管理中有效利用棉源饲料的手

段，其在使用过程中存在棉源饲料剩料的问题，尤其是含有棉秸秆和采棉机渣的 TMR，硬质的粗棉秸秆、棉桃壳会使家畜适口性降低而剩余；相较 TMR 利用模式，制粒利用模式可有效解决棉源饲料剩余的问题。

二、制粒利用模式

制粒利用模式是指将棉秸秆、棉籽饼粕、毛棉籽、棉籽壳、轧棉机渣等棉源饲料原料或预处理后的产品，按照日粮配方与其他粗饲料、精料、矿物质和维生素等添加剂充分混合，经制粒机制粒供动物自由采食的利用模式。具有以下优点：

（1）避免动物对棉源饲料的挑食，减少硬质棉源饲料棉秸秆的浪费。

（2）粉碎和制粒过程中产生的高温可部分降解棉副产品的游离棉酚，增加棉副产品在配方中的使用量，同时，粉碎和制粒可破坏棉秸秆、棉花机渣等饲料的纤维结构，改善适口性，提高棉副产品的消化率。

（3）降低饲料成本，增加养殖收益。

（4）通过高温高压，杀死病原微生物（如沙门氏菌等），降低牲畜发病机率。

（5）改善饲料的储运特性（容重增加 40%～100%），便于长距离运输。

（6）缩短动物采食时间，增加采食量，提高生产性能（如日增重）。

（7）大大节约劳动力和劳动时间。

（一）材料准备

（1）棉源蛋白饲料。棉籽饼从油脂厂购入后，放入干净、干燥的仓库储存，如露天保存时，注意防雨、防潮、防虫害，保持通风，制作颗粒饲料前需与其他原料共同粉碎，另外可通过微贮等方式降低游离棉酚含量（参见第二章），但微贮后进入颗料饲料制作时，需考虑添加量对全价日粮水分的影响，进而影响制粒效果。棉籽粕从油脂厂直接购买，须仓库储存，保持水分12%以下；勤检查，防结块和老鼠破坏。毛棉籽从轧花厂直接购买后储备，购入时严格控制水分（<12%），料棚或者露天篷布遮盖存放，下雨后及时检查是否漏水，漏水处及时拣出晾干；定时检查毛棉籽堆放温度，如大于30℃，同时温度持续提高，需及时处理，以防变质、酸败和发霉。

（2）棉源粗饲料。收获机将水分含量为17%～20%的棉秸秆收获后，制粒时如太长则需二次粉碎至1～2 cm；用采棉机收获的棉花机渣无需粉碎，但需除尘后进入制粒；棉籽壳从油脂厂购买棉籽壳后储备，制粒前无需粉碎。制粒需清除薄膜、滴灌带等杂物，露天存放时篷布防雨遮盖。

（3）其他精料。玉米、麸皮、豆粕、菜籽粕和葵粕等采购后备用，储存时注意防潮防雨，保持干燥、通风，水分保持在12%以下，避免结块，勤检查，预防老鼠破坏。

（4）其他粗饲料。青干草、玉米秸秆、小麦秸秆等收获后晒干打捆运回养殖场堆垛保存，水分保持在14%以下，使用前提前散捆，清理塑料薄膜、滴灌带以及其他杂物，过16～20 mm筛粉碎备用。

（5）小料。将小苏打、石粉、食盐、预混料、硫酸亚铁等按照日粮配方（配合饲料在搅拌机中的最大容量/次）称好与麸皮等进行等量混合均匀，逐级放大，用于配制全价配合饲料。

（二）日粮配方调制

全价颗粒日粮，需根据不同种畜群、不同阶段畜群的营养需要，调制不同营养水平的颗粒日粮。制粒过程中，需兼顾饲料原料的黏合性，生产中，棉秸秆、棉花机渣等较易与其他饲料配合制粒，制粒性能良好，不松散，成型较好。

（1）确定营养需要。家畜配方配制参考常用的动物营养需要标准有美国NRC和中国饲养标准等，不同家畜、家畜不同生理阶段、体重、生产性能所需营养不同，规模养殖场需根据家畜不同生理阶段等养殖情况及时对家畜分群。

（2）评价原料营养成分。不同批次原料入场需检测原料营养成分，配合饲料制粒前需调整全价混合料的的水分含量，所以需经常检测原料水分，尤其是颗粒饲料原料中使用发酵饲料时，需及时跟踪饲料水分含量。饲料原料粗蛋白、粗脂肪、粗纤维、水分、钙、总磷和粗灰分的测定分别按照 GB/T 6432、GB/T 6433、GB/T 6434、GB/T 6435、GB/T 6436、GB/T 6437 和 GB/T 6438 进行。

（3）配方设计。

①保持能氮平衡。能氮比过高，会导致氨基酸利用率下降，减少动物体肌肉的生成，而增加体脂肪的沉积；能氮比过低，采食的能量不能满足动物维持、生长、生产的能量需要，从而采食的蛋白质首先要进行体内脱氨基代谢，进行供能，增加了氮的排泄，降低了氮的利用率，造成蛋白质的浪费，并且增加环境污染。

②保持氨基酸平衡。动物所需的必需氨基酸需要由饲料来提供，日粮只用一种蛋白饲料有可能造成某种氨基酸的缺乏，豆粕、棉籽饼粕、葵粕、菜粕互相搭配使用有助于氨基酸平衡。

③保持有效的物理有效纤维（peNDF）。反刍动物需要有足够的粗饲料来源形式的日粮纤维维持正常的瘤胃发酵和生产性能稳定。维持日粮有效的 peNDF 浓度可有效地增强反刍动物咀嚼活动和唾液分泌，从而改善瘤胃内环境、降低反刍动物酸中毒的风险。较之TMR 日粮，颗粒饲料因粗饲料粉碎得细或饲料颗粒更小，在配方设计时，需要注意调配日粮的物理有效纤维（peNDF）。

④不同的矿物质存在协同和拮抗作用。因此在配制饲料日粮时，尽量使用有机螯合态矿物质供体，减少矿物质之间的拮抗，增加吸收利用率。

⑤饲料间组合效应。精料和粗饲料之间、优质饲草和低质秸秆粗饲料之间存在正组合和负组合效应，优质牧草和秸秆饲料搭配有助于提高饲料消化率和改善家畜适口性，苜蓿干草与棉秸秆间比例1∶3 有利于提高饲料消化率、改善肉羊适口性、降低生产成本，从

而达到优化饲养设计的目标。

（4）配制日粮注意事项。一是应注意不同家畜之间和家畜不同品种的特点以及对棉副产品抗营养因子的耐受性。二是尽可能丰富家畜饲料原料来源，选择当地来源广、价格便宜的饲料来配制日粮，特别是充分利用农副产品，例如棉秸秆、采棉机渣等，以降低饲料费用和生产成本的目的。三是注意添加剂的使用，制粒过程中温度可达 80～90℃，容易造成某些维生素的破坏，对于理化因子敏感的维生素，适当增加数量，比如维生素 K、维生素 A、维生素 D 和维生素 B_1。四是选用饲料原料做配方时，除了高效利用棉副产品的营养价值外，也要充分利用棉副产品的黏合性。

（5）棉副产品在全价颗粒日粮中的比例。育肥羊棉秸秆的添加比例可达 30%，生产母羊棉秸秆添加比例不超过 50%，但日粮中推荐添加 20%～30% 为宜。棉籽壳、棉秸秆、采棉机渣同时使用，总量不超过 40%；棉籽饼粕在育肥羊日粮中不超过 20%，在怀孕或泌乳母羊日粮不超过 10%。具体配方参考本章第三节。

（三）制粒过程

制粒过程主要包括原料粉碎、充分混合、制粒和冷却干燥等环节（图 5-4），具体操作步骤如下：

（1）原料的粉碎。对于颗粒饲料来讲，粉碎粒度越碎，黏合度越高，易于制粒，但物理有效纤维含量会降低，在秸秆配合饲料制粒过程中，据郭同军等（2019）研究发现，过 16～20 mm 孔径筛网粉碎（此时配合颗粒饲料的 peNDF1.18 为 64.09%～69.46%，peNDF8.00 为 27.03%～37.71%）的粗饲料制作的颗粒对绵羊的增重效果最好。粉碎过程中可将称好的棉秸秆、棉花机渣、棉籽壳等粗饲料和棉籽饼粕和玉米等精饲料同时输入粉碎机，进行初步混合，此外，棉秸秆、棉籽壳以及棉花机渣使用过程中注意除尘。

图 5-4　制粒过程示意

（2）混合及水分控制。通过传输带将粉碎好的棉秸秆、棉籽饼粕、棉籽壳、毛棉籽、棉花机渣与其他饲料原料输入至搅拌机二次混匀，此时根据配合饲料水分含量，将水分含量调节至17%～22%，大型环膜制粒机，可在搅拌机中可加水4%～5%进行调节至17%左右；小型的平模制粒机制粒过程中需水量较高，需加水8%～12%，调节至22%左右，在实际操作中，养殖场可根据制粒情况增减加水量；混合时间为15～20 min。

（3）制粒。从搅拌机由传输带将配合饲料传输到制粒机的过程中可通过蒸汽调节水分含量并可调质，蒸汽气压大小与配合饲料进料量和速度以及饲料品质有关，在实际操作中，需根据颗粒机造粒情况调整进料速度和蒸汽气压，最终制粒出软硬适度的全价颗粒饲料，羊颗粒饲料的直径推荐8 mm。

（4）冷却干燥与包装。制好颗粒饲料随传输带进入冷风干燥箱，冷却干燥后直接分装；如没有冷风干燥箱，需将其铺撒到水泥地进行晾晒，使其水分降至14%以下可以较久保存。

（四）饲喂注意事项

（1）要保证动物充足的饮水，缺水时动物采食量降低，如果有条件最好安装自动饮水设备（如自动饮水碗等）。

（2）颗粒饲料不能加水浸泡，更不能加热，加水和加热会使颗粒饲料软化。

（3）改变饲粮（日粮）时，例如由粉料改为颗粒饲料时应遵循逐渐过渡（10 d左右）的原则。

（4）全价颗粒饲料是配合饲料，可直接饲用，添加其他饲料会破坏营养平衡。

（5）雨天不宜在敞圈饲喂，避免颗粒饲料遇水膨胀变碎，影响采食量和饲料利用率。

（6）人工投料时每天投料两次，日饲喂量以饲槽内剩余饲料3%左右为宜。

第二节　棉副产品饲料化的养殖户利用模式

养殖户饲养牲畜由于受投入资金的限制，饲草储备条件和饲料加工设备等较为简陋。因此，本节讨论的主要是在有限的硬件条件下，根据养殖户可能的棉副产品饲料和其他饲料的储备情况，推荐适宜养殖户的棉副产品饲料化利用模式，以提高饲料的饲用价值。

一、放牧补饲

放牧家畜四季放牧，营养状况不平衡，整体生产性能不高，一些地方常表现"夏壮、秋肥、冬瘦、春死"的现象。因些，有必要在冬春枯草季节，对家畜进行精准补饲。一是适量补饲棉籽饼粕、毛棉籽等蛋白质和能量饲料，可弥补生产母畜能氮不足，增加产乳量，提高幼畜成活率和断奶重；二是棉籽壳、粉碎的棉秸秆以及棉花机渣成本低，可作为牧民良好的粗饲料来源，提高后备和生产母畜的采食量，有助于缓解冬季母畜因产仔、哺乳造成的机体损耗，有利于维持母畜正常的体况，保持较高的繁殖水平。

（一）材料准备

（1）棉源蛋白饲料。补饲常用的棉源蛋白饲料有毛棉籽、棉籽饼粕和脱酚蛋白，毛棉籽需堆放储存在平坦、干燥、通风、排水良好的场地中，并要做好垫底工作，雨季需篷布或塑料布遮盖；棉籽饼可堆放在储藏间，保持通风、干躁，棉粕和脱酚蛋白可用袋装保存，但注意防鼠。

（2）棉源粗饲料。棉籽壳、棉花机渣和棉秸秆（需粉碎）的水分应控制在 14% 以下，最好用袋子装好后储存在饲料储藏间，露天堆放时用篷布或塑料布遮盖，注意防潮防雨，防止发霉变质；棉源粗饲料可通过微生物发酵（或袋装发酵或窖贮发酵）提高利用率和改善适口性。

（3）其他精料。将玉米、麸皮等精料装袋堆放遮盖或放入储料间待用，做好防鼠、防雨、防潮。

（4）其他粗料。野草、栽培饲草、其他秸秆都可制作干草。收获后须自然干燥2～3 d，使含水量降低至20%以下，堆砌在室内草料棚或者室外露天堆垛储藏，露天堆放时应选高而平的干燥处，堆垛时尽量压紧，覆盖顶部，以防止淋雨、漏雨、防潮。干草储藏时注意防火。

（5）小料。预混料、食盐、小苏打等使用时需提前与麸皮充分稀释混匀，再补饲家畜。

（二）日粮配制

（1）放牧家畜的日粮配制参照家畜营养需要标准NRC（2007）或中国饲养标准，参考的营养指标主要包括消化能（DE）、粗蛋白质（CP）、钙（Ca）、磷（P）和干物质采食量（DMI）。

（2）根据不同生理阶段放牧家畜营养需要以及不同季节放牧后能量、蛋白、微量元素等的缺乏情况，设计补饲配方。

（3）因补饲量较低，所以棉源饲料摄入的游离棉酚较低，可适当提高棉源饲料用量。

（4）放牧补饲一般建议补充精料用量按家畜体重的1%～3%添加，尽量配制营养全面的精料补充料，可采用饲料原料玉米、棉粕、麸皮按照一定比例混合均匀，也可用当地易得的棉籽替代一部分原料，有条件的还要加入小苏打、食盐或者预混料以补充微量元素和维生素等。

（三）人工混合

放牧补饲条件下，人工混合主要包括原料预处理、原料称量、小料混合和精饲料混合等环节（图5-5），具体操作步骤如下：

（1）棉秸秆需粉碎至1～2 cm，可同棉花机渣、棉籽壳采用微生物发酵等方式提高采食量和适口性，其他长秸秆或干草也需粉碎处理，玉米籽实和棉籽饼根据需要做好粉碎处理。

图5-5 补饲模式人工混合流程示意

（2）按照补饲家畜数量以及每头家畜每天补饲量计算所需各种饲料用量，用固定容器（袋子、碗、盆子、勺子）提前称重准备待用。

（3）预混料的添加。将预混料与玉米粉或麸皮按照1：1比例用家用饲喂桶或盆子手工混匀，并逐级放大，保证预混料在日粮中的均匀度。

（4）精粗料的混合。将称量好的棉籽饼粕、棉籽壳、棉秸秆、棉花机渣、棉籽与玉米粉（含混匀好的预混料）、麸皮、青干草直接在食槽中搅拌均匀，使精料均匀附着在粗饲料上。

（四）饲喂注意事项

（1）适当补充维生素 A、维生素 D 或利尿剂，预防尿结石。

（2）食槽无法供全部家畜采食时，应分批饲喂，做好用量配比，饲喂后注意补充水供家畜饮用。

（3）应经常检查棉源饲料的质量，勤通风，如有发霉变质情况，立即弃用。

二、舍饲饲喂

舍饲饲喂是指通过修建家畜圈舍，固定饲养管理地点，按照家畜饲料配方，有效地将棉秸秆、棉籽饼粕、棉籽等棉源饲料与玉米、麸皮、玉米秸秆、小麦秸秆、预混料和食盐等搭配使用，提高农区家畜养殖饲料来源的多样性，既可提高舍饲家畜营养水平，又可降低养殖户饲料成本，有利于缓解农区饲草料的不足。

（一）材料准备

（1）棉源蛋白饲料。将购置的毛棉籽堆垛储存在平坦、干燥、通风、排水良好的场地，并要做好垫底工作。棉籽饼粕、脱酚蛋白储存于饲料储藏间待用，防雨防潮，保持干燥不结块。

（2）棉源粗饲料。利用机械或人工将棉秸秆、棉花机渣收获后晾晒至水分在 17% 以下，运回家中，棉秸秆利用铡草机、粉碎机或秸秆揉丝机切断粉碎至 $1\sim2$ cm，成丝条状。棉花机渣存在较多粉尘，使用前需除尘，同时需去除塑料薄膜、滴灌带等，储存时注意防淋雨防发霉。棉秸秆、棉花机渣、棉籽壳均可参考第三、第四章进行微生物发酵再使用。

（3）其他精料。将种植的玉米收获后晾晒至 12% 水分储存备用；麸皮或成品的精料补充料等置入储料间待用，做好防鼠、防雨、防潮。

（4）其他粗料。野草、栽培饲草、其他秸秆都可制作干草。收获后自然干燥 $2\sim3$ d，使含水量降低至 20% 以下，堆砌在室内草料棚或者室外露天堆垛储藏，露天堆放时应选高而平的干燥处，堆垛时尽量压紧，覆盖顶部，以防止淋雨、漏雨、防潮。干草储藏时注意防火。

（5）小料。预混料、食盐、小苏打等使用时需提前与麸皮或精饲料按照逐级放大充分混匀后，再饲喂舍饲家畜。

（二）日粮配制

（1）舍饲的家畜必须保证有足够的饲草料，以便均衡供给营养，饲料可分粗饲料和精饲料，主要以饲草为主，例如青干草、农作物秸秆、多汁的块根饲料等，饲料原料应来源多样，既可保证营养的丰富，又有利于家畜采食，还可提高家畜的食欲。

（2）舍饲家畜必须补喂精饲料，主要由玉米、棉籽饼粕、全棉籽等组成，适量添加多种维生素和矿物质。有条件的可根据本地区土壤微量元素缺乏情况适量添加矿物质。养殖户还可购买矿物质舔砖或盐砖进行补充。

（3）妊娠母畜、哺乳母畜、种公畜及幼畜除饲喂适当精饲料外，还要添加胡萝卜、优质青草等维生素含量丰富的青绿多汁料、矿物质和微量元素，满足其生理需要。同时，要注意饮水和补盐。

（4）根据羊不同生理阶段的营养需要，调制不同营养水平的日粮，棉副产品的添加量需参考游离棉酚总量，例如育肥羊棉秸秆使用量可达 30%，生产母羊可达 40%，不超过 50%。

（三）人工混合

舍饲条件下，人工混合主要包括原料称量、小料混合、精料混合和精粗料混合等环节（图5-6），具体操作步骤如下：

（1）原料称重。将粉碎好的棉秸秆、棉花机渣、棉籽壳、棉籽以及其他饲料原料，或者经微生物发酵处理的饲料按照家畜数量以及每头家畜所需用量，准确称重备用。

（2）小料的混合。将需饲喂的小苏打、食盐、预混料等（按照日粮配方称好，建议一次按1月用量以上配制，减少称量误差）混合均匀，再与玉米粉或麸皮进行等量混合均匀，逐级放大，用于配制精料补充料。

（3）精料的混合。将玉米、麸皮、棉粕、豆粕、小料等按照日粮配方称重后（建议一次按1月用量以上配制），来回均匀搅拌3次，如无搅拌机，则找一干净空地（最好是水泥地面），原料称好后，将每一种原料逐层洒匀，然后用铁锹将全部料来回搅翻3次，直至混合均匀，待用。

（4）全价配合料的混合。将每日所需的精料补充料和处理过的棉花秸秆、棉籽壳、青干草等按照日粮配方比例，使用常用容器人工搅拌均匀，或者直接在食槽中搅拌均匀，使精料均匀附着在粗饲料上。

图5-6　舍饲模式人工混合流程示意

（四）饲喂注意事项

棉花秸秆、棉籽壳、棉花机渣等粗饲料饲喂动物，需提前做好原料的前处理，一是尽量粉碎，避免硬质粗秆的浪费；二是尽量将之微贮或提前用水泡软提高适口性和精料附着；三是饲喂前检查是否有发霉变质饲料，如有则及时剔除。

第三节 推荐配方

科学的供给营养才能保证家畜充分发挥遗传潜力，实现高效生产。根据家畜对各种营养物质的消化与代谢规律、饲料的组合效应和常用饲料的营养价值调制科学的饲料配方，是科学饲养牛羊，提高养殖效益的根本。根据前期的研究基础和生产实际中的应用效果，本节推荐一些适宜绵羊生产的棉副产品日粮配方。

一、羔羊开食料配方

羔羊开食料配方见表 5-2，配方适用于体重 14 kg 左右的羔羊，根据羔羊的体重，干物质采食量为体重的 2%～3%，推荐饲喂量（干物质基础）为 0.12～0.64 kg/d，粗饲料优质苜蓿铡短自由采食，理论日增重 200 g；日粮中维生素、矿物元素的推荐剂量为：维生素 A 188～940 IU/d、维生素 D 26～132 IU/d、维生素 E 2.4～12.8 IU/d、硫 0.24～1.2 g/d、锌 2.7～14 mg/kg、硒 0.016～0.086 mg/kg，其他矿物元素钴、铜、碘、铁、锰等推荐量参照肉羊饲养标准（NY/816—2004）。

表 5-2　羔羊开食料配方及营养水平

原料	配方 1	配方 2	配方 3
玉 米（%）	53.80	50.00	55.00
麸 皮（%）	10.00	10.00	10.00
棉籽粕[1]（%）	—	—	5.00
豆 粕[2]（%）	21.00	23.70	21.00
去壳葵花粕（%）	6.60	5.00	—
玉米蛋白粉（%）	5.00	5.00	5.00
棉籽油（%）	—	2.50	—
石 粉（%）	0.80	0.80	1.00

（续）

原料	配方 1	配方 2	配方 3
磷酸氢钙（%）	0.15	0.20	0.20
硫酸亚铁（%）	—	0.10	0.10
碳酸氢钠（%）	0.20	0.20	0.20
食 盐（%）	0.45	0.50	0.50
预混料[3]（%）	2.00	2.00	2.00
合计（%）	100.00	100.00	100.00

营养水平	配方 1	配方 2	配方 3
代谢能 ME（MJ/kg）	11.25	14.28	11.33
粗蛋白质 CP（%）	22.69	22.79	22.69
粗脂肪 EE（%）	2.96	5.23	2.93
中性洗涤纤维 NDF（%）	15.10	10.00	14.06
酸性洗涤纤维 ADF（%）	6.84	5.32	6.15
钙 Ca（%）	0.45	0.46	0.51
磷 P（%）	0.48	0.49	0.47

注：[1]棉籽粕和[2]豆粕为膨化产品，[3]预混料为育肥期羔羊阶段预混料。

二、育肥羊日粮配方

育肥羊日粮配方见表5-3，配方适用于体重30 kg左右的羊，根据羊的体重，干物质采食量为体重的3%～4%，推荐饲喂量（干物质基础）为0.8～1.6 kg/d，理论日增重200 g；日粮中维生素、矿物元素的推荐剂量为：维生素 A 940～2 350 IU/d、维生素 D 111～278 IU/d、维生素 E 12～23 IU/d、硫2.8～3.5 g/d、锌29～52 mg/kg、硒0.18～0.31 mg/kg，其他矿物元素钴、铜、碘、铁、锰等推荐量参照肉羊饲养标准（NY/816—2004）。

表 5-3　育肥羊日粮配方

原料	配方 1	配方 2	配方 3	配方 4
棉秸秆（%）	—	—	20.03	30.20
玉米秸秆（%）	22.95	22.09	10.2	6.23
小麦秸秆（%）	12.13	11.17	8.96	6.57
苜蓿干草（%）	12.54	12.42	10.5	6.18
玉　米（%）	28.30	29.16	23.66	22.26
麸　皮（%）	3.01	3.01	3.01	2.95
棉　粕（%）	0.00	18.53	20.20	21.99
豆　粕（%）	17.44	—	—	—
碳酸氢钠（%）	0.80	0.80	0.80	0.80
食　盐（%）	0.80	0.80	0.80	0.80
预混料[1]（%）	2.03	2.02	2.02	2.02
合计（%）	100.00	100.00	100.00	100.00

营养水平	配方 1	配方 2	配方 3	配方 4
代谢能 ME（MJ/kg）	9.66	9.68	7.87	7.06
粗蛋白质 CP（%）	14.56	12.79	13.70	14.12
粗脂肪 EE（%）	1.06	0.99	1.27	1.32
中性洗涤纤维 NDF（%）	35.37	39.28	55.41	37.35
酸性洗涤纤维 ADF（%）	19.67	23.50	41.14	26.57
钙 Ca（%）	0.96	1.05	1.39	1.47
磷 P（%）	0.36	0.35	0.42	0.43

原料	配方 5	配方 6	配方 7	配方 8	配方 9	配方 10	配方 11
棉秸秆（%）	20.00	20.00	15.00	10.00	—	—	—
压棉机渣（%）	—	—	15.00	10.00	10.00		
棉籽壳（%）	—	—	—	—	10.00		

（续）

原料	配方 5	配方 6	配方 7	配方 8	配方 9	配方 10	配方 11
玉米秸秆（%）	—	15.00	5.00	10.00	—	30.00	—
小麦秸秆（%）	15.00	—	—	—	10.00	—	30.00
苜蓿干草（%）	5.00	5.00	5.00	5.00	5.00	10.00	10.00
玉 米（%）	33.00	33.00	33.40	34.50	35.00	34.00	32.60
麸 皮（%）	4.00	4.90	5.00	5.00	5.00	5.00	5.00
棉 粕（%）	15.00	15.00	15.00	13.00	12.00	—	—
豆 粕（%）	5.00	4.00	4.00	4.00	5.00	18.5	20.00
全棉籽（%）	—	—	—	5.00	5.00	—	—
石 粉（%）	0.20	0.30	0.30	0.50	0.20	0.40	0.20
磷酸氢钙（%）	0.10	0.10	0.20	0.20	0.10	0.10	0.20
硫酸亚铁（%）	0.70	0.70	0.20	0.80	0.70	—	—
碳酸氢钠（%）	0.20	0.20	0.20	0.20	0.20	0.20	0.20
食 盐（%）	0.80	0.80	0.70	0.80	0.80	0.80	0.80
预混料[1]（%）	1.00	1.00	1.00	1.00	0.00	1.00	1.00
合计（%）	100.00	100.00	100.00	100.00	100.00	100.00	100.00
营养水平	配方 5	配方 6	配方 7	配方 8	配方 9	配方 10	配方 11
代谢能 ME（MJ/kg）	9.12	9.56	9.32	9.78	9.74	9.10	9.57
粗蛋白质 CP（%）	15.90	15.86	16.55	16.31	16.01	16.18	16.18
粗脂肪 EE（%）	2.10	2.05	2.24	3.10	3.36	2.36	2.49
中性洗涤纤维 NDF（%）	33.11	31.72	37.14	35.34	36.70	33.94	37.33
酸性洗涤纤维 ADF（%）	22.56	20.48	22.75	21.89	24.08	20.22	24.53
钙 Ca（%）	0.38	0.44	0.65	0.63	0.43	0.49	0.39
磷 P（%）	0.34	0.37	0.40	0.41	0.38	0.36	0.34

注：[1] 预混料为育肥期预混料。

三、妊娠前期母羊配方

妊娠前期母羊配方见表 5-4，配方适用于体重 50 kg 左右，空怀母羊和妊娠 1～3 月龄的母羊，根据母羊的体重，干物质采食量为体重的 3%～4%，推荐饲喂量（干物质基础）为 1.6～2.2 kg/d；日粮中维生素、矿物元素的推荐剂量为：维生素 A 1 880～3 948 IU/d、维生素 D 222～440 IU/d、维生素 E 18～35 IU/d、硫 2～3 g/d、锌 53～71 mg/kg、硒 0.24～0.31 mg/kg，其他矿物元素钴、铜、碘、铁、锰等推荐量参照肉羊饲养标准（NY/816—2004）。

表 5-4　妊娠前期母羊配方（推荐）

原料	配方 1	配方 2	配方 3	配方 4	配方 5	配方 6	配方 7	配方 8
棉秸秆（%）	10.00	15.00	10.00	15.0	20.00	—	—	—
压棉机渣（%）	14.00	10.00	5.50	5.00	—	—	—	—
棉籽壳（%）	5.00	—	5.50	—	—	—	—	—
玉米秸秆（%）	36.30	20.00	—	—	—	—	65.00	—
小麦秸秆（%）	—	—	43.80	43.80	44.22	63.10	—	59.50
苜蓿干草（%）	3.00	5.00	3.00	4.00	4.00	5.00	3.00	5.00
青贮玉米（%）	—	18.00	—	—	—	—	—	—
玉米（%）	25.00	25.00	25.00	25.00	25.00	24.00	26.00	25.00
麸皮（%）	2.00	2.00	2.00	2.00	2.00	2.00	2.00	4.00
棉粕（%）	2.00	2.40	3.00	3.00	2.50	4.00	—	—
豆粕（%）	—	—	—	—	—	—	2.00	4.50
石粉（%）	0.20	0.10	0.10	0.10	0.20	0.20	0.30	0.20
磷酸氢钙（%）	0.20	0.20	0.10	0.10	0.10	0.10	0.20	—
硫酸亚铁（%）	0.60	0.60	0.50	0.50	0.48	0.10	—	—
碳酸氢钠（%）	0.20	0.20	—	—	—	—	—	0.10
食盐（%）	0.50	0.50	0.50	0.50	0.50	0.50	0.50	0.50
预混料[1]（%）	1.00	1.00	1.00	1.00	1.00	1.00	1.00	1.00
合计（%）	100.00	100.00	100.00	100.00	100.00	100.00	100.00	100.00

（续）

营养水平	配方1	配方2	配方3	配方4	配方5	配方6	配方7	配方8
代谢能 ME（MJ/kg）	7.08	8.01	7.72	7.67	7.58	7.88	6.84	7.85
粗蛋白质 CP（%）	8.18	8.07	7.33	7.50	7.10	7.16	8.00	6.97
粗脂肪 EE（%）	1.94	1.68	2.12	2.02	1.92	2.28	1.72	2.27
中性洗涤纤维 NDF（%）	49.32	43.82	54.12	51.75	50.77	57.61	43.72	57.46
酸性洗涤纤维 ADF（%）	32.67	28.50	38.27	36.54	36.05	39.99	25.83	39.89
钙 Ca（%）	0.62	0.58	0.35	0.38	0.36	0.29	0.22	0.31
磷 P（%）	0.27	0.29	0.19	0.19	0.18	0.18	0.15	0.19

注：[1] 生产母羊阶段预混料。

表 5-5 配方适用于体重 45 kg，怀双羔母羊妊娠前期（1～3 月龄），根据《中国肉羊饲养标准》（NY/T816—2004）按照等能等氮原则，设计满足营养需求的营养配方，其中每千克预混料含有维生素 A 200 000 IU，维生素 D 30 000 IU，维生素 E 250 IU，烟酸 500 mg，泛酸 150 mg，生物素 10 mg，铜 100 mg，铁 1 200 mg，锰 1 000 mg，锌 1 000 mg，碘 17.5 mg，硒 7.5 mg，钴 7.5 mg。

表 5-5　妊娠前期母羊（怀双羔）配方

原料	配方1	配方2	配方3	配方4	配方5	配方6
棉秸秆（%）	—	—	20.00	30.00	40.00	50.00
玉米秸秆（%）	40.00	40.00	20.00	10.00	—	—
小麦秸秆（%）	17.80	16.00	17.90	18.50	19.40	13.50
苜蓿干草（%）	9.20	11.00	9.10	8.50	7.60	3.80
玉米（%）	21.50	22.60	21.40	20.20	19.30	18.30
麸皮（%）	3.00	2.20	3.40	4.90	5.90	6.70

（续）

原料	配方 1	配方 2	配方 3	配方 4	配方 5	配方 6
棉 粕（%）	—	5.60	5.60	5.30	5.20	5.10
豆 粕（%）	5.90	—	—	—	—	—
碳酸氢钠（%）	0.20	0.20	0.20	0.20	0.20	0.20
食 盐（%）	0.40	0.40	0.40	0.40	0.40	0.40
预混料[1]（%）	2.00	2.00	2.00	2.00	2.00	2.00
合计（%）	100.00	100.00	100.00	100.00	100.00	100.00
营养水平	配方 1	配方 2	配方 3	配方 4	配方 5	配方 6
代谢能 ME（MJ/kg）[2]	6.69	6.69	6.69	6.69	6.69	6.69
粗蛋白质 CP（%）	8.55	8.15	8.53	8.82	9.08	9.47
粗脂肪 EE（%）	1.96	1.94	1.24	1.31	1.49	1.46
中性洗涤纤维 NDF（%）	44.08	44.69	41.47	37.08	40.98	37.60
酸性洗涤纤维 ADF（%）	28.60	26.67	27.35	24.57	29.08	26.18
钙 Ca（%）	0.71	0.52	1.26	0.83	1.10	1.02
磷 P（%）	0.17	0.21	0.18	0.21	0.23	0.24

注：[1]生产母羊阶段预混料。[2]代谢能为计算值，其余为实测值。

四、妊娠后期母羊配方

（一）妊娠后期单羔母羊配方

妊娠后期母羊配方见表 5-6，配方适用于体重 55 kg 左右，妊娠 4～5 个月龄的母羊，根据母羊的体重，干物质采食量为体重的 3.4%～4.5%，推荐饲喂量（干物质基础）为 1.8～2.4 kg/d；日粮中维生素、矿物元素的推荐剂量为：维生素 A 1 880～3 948 IU/d、维生素 D 222～440 IU/d、维生素 E 18～35 IU/d、硫 2～3 g/d、锌 53～71 mg/kg、硒 0.24～0.31 mg/kg，其他矿物元素钴、铜、碘、铁、锰等推荐量参照肉羊饲养标准（NY/816—2004）。

表 5-6　妊娠后期母羊（单羔）日粮配方

原料	配方 1	配方 2	配方 3	配方 4	配方 5	配方 6	配方 7	配方 8
棉秸秆（%）	20.00	—	—	—	14.00	5.00	10.00	10.00
压棉机渣（%）	—	—	—	—	6.00	10.00	15.00	15.00
棉籽壳（%）	—	—	—	—	—	10.00	15.00	—
玉米秸秆（%）	—	—	30.00	—	—	—	—	35.00
小麦秸秆（%）	38.00	60.20	30.00	60.70	40.00	35.00	—	—
苜蓿干草（%）	7.00	6.00	5.00	7.00	5.00	5.00	5.00	5.00
青贮玉米（%）	—	—	—	—	—	—	20.00	—
玉　米（%）	24.30	22.00	24.50	20.00	24.5	25.00	25.00	24.50
麸　皮（%）	3.00	4.50	3.00	5.00	3.00	3.00	3.00	3.00
棉　粕（%）	5.00	—	—	5.00	5.00	4.50	4.30	5.00
豆　粕（%）	—	5.00	5.00	—	—	—	—	—
石　粉（%）	0.30	0.40	0.50	0.40	0.20	0.30	0.20	0.10
磷酸氢钙（%）	0.20	0.20	0.30	0.20	0.20	0.20	0.20	0.10
硫酸亚铁（%）	0.50	—	—	0.20	0.50	0.50	0.60	0.60
碳酸氢钠（%）	0.20	0.20	0.20	—	0.20	—	0.20	0.20
食　盐（%）	0.50	0.50	0.50	0.50	0.50	0.50	0.50	0.50
预混料[1]（%）	1.00	1.00	1.00	1.00	1.00	1.00	1.00	1.00
合计（%）	100.00	100.00	100.00	100.00	100.00	100.00	100.00	100.00
营养水平	配方 1	配方 2	配方 3	配方 4	配方 5	配方 6	配方 7	配方 8
代谢能 ME（MJ/kg）	7.78	7.95	7.53	7.87	7.82	7.10	8.65	7.33
粗蛋白质 CP（%）	8.73	8.02	8.69	8.06	8.68	7.89	9.13	9.86
粗脂肪 EE（%）	1.94	2.30	2.02	2.29	2.06	1.97	1.89	1.98

（续）

营养水平	配方1	配方2	配方3	配方4	配方5	配方6	配方7	配方8
中性洗涤纤维 NDF（%）	48.16	56.45	48.91	57.87	50.30	45.24	46.08	46.86
酸性洗涤纤维 ADF（%）	34.07	38.76	31.64	39.77	35.28	31.41	31.65	30.55
钙 Ca（%）	0.47	0.40	0.41	0.41	0.47	0.45	0.64	0.59
磷 P（%）	0.23	0.22	0.22	0.23	0.24	0.24	0.30	0.28

注：[1]生产母羊阶段预混料。

（二）妊娠后期双羔母羊配方

表5-7配方适用于体重45 kg，怀双羔母羊妊娠后期，根据《中国肉羊饲养标准》（NY/T 816—2004）按照等能等氮原则，设计满足营养需求的营养配方，其中每千克预混料含有维生素 A 200 000 IU，维生素 D 30 000 IU，维生素 E 250 IU，烟酸 500 mg，泛酸 150 mg，生物素 10 mg，铜 100 mg，铁 1 200 mg，锰 1 000 mg，锌 1 000 mg，碘 17.5 mg，硒 7.5 mg，钴 7.5 mg。

表5-7 妊娠后期母羊（双羔）日粮配方

原料	配方1	配方2	配方3	配方4	配方5	配方6
棉秸秆（%）	—	—	20.00	30.00	40.00	48.40
玉米秸秆（%）	40.00	40.00	20.00	10.00	—	—
小麦秸秆（%）	3.00	2.00	3.20	3.70	4.40	—
苜蓿干草（%）	6.00	4.70	4.30	4.60	4.40	—
玉 米（%）	35.60	38.20	36.80	36.50	36.20	35.50
麸 皮（%）	2.20	1.60	2.50	2.00	1.80	2.80
棉 粕（%）	—	10.30	10.00	10.00	10.00	10.00
豆 粕（%）	10.00	—	—	—	—	—
碳酸氢钠（%）	0.30	0.30	0.30	0.30	0.30	0.30
食 盐（%）	0.40	0.40	0.40	0.40	0.40	0.40

（续）

原料	配方 1	配方 2	配方 3	配方 4	配方 5	配方 6
预混料[1]（%）	2.50	2.50	2.50	2.50	2.50	2.50
合计（%）	100.00	100.00	100.00	100.00	100.00	100.00

营养水平	配方 1	配方 2	配方 3	配方 4	配方 5	配方 6
代谢能 ME（MJ/kg）[2]	8.00	8.00	8.00	8.00	8.00	8.00
粗蛋白质 CP（%）	8.62	8.77	8.07	8.36	8.58	8.82
粗脂肪 EE（%）	2.61	2.83	3.23	3.26	3.18	3.81
中性洗涤纤维 NDF（%）	38.54	44.64	41.12	41.20	40.37	40.92
酸性洗涤纤维 ADF（%）	18.90	20.66	20.33	21.30	20.34	20.60
钙 Ca（%）	0.60	0.70	0.88	0.91	0.90	0.95
磷 P（%）	0.25	0.28	0.26	0.24	0.26	0.28

注：[1]生产母羊阶段预混料。[2]代谢能为计算值，其余为实测值。

表 5-8 配方适用于体重 55 kg 左右，妊娠 4～5 月龄的母羊，根据母羊的体重，干物质采食量为体重的 3.4%～4.5%，推荐饲喂量（干物质基础）为 1.8～2.4 kg/d；日粮中维生素、矿物元素的推荐剂量为：维生素 A 1 880～3 948 IU/d、维生素 D 222～440 IU/d、维生素 E 18～35 IU/d、硫 2～3 g/d、锌 53～71 mg/kg、硒 0.24～0.31 mg/kg，其他矿物元素钴、铜、碘、铁、锰等推荐量参照肉羊饲养标准（NY/816—2004）。

表 5-8 妊娠后期母羊（双羔）日粮配方

原料	配方 1	配方 2	配方 3	配方 4	配方 5	配方 6	配方 7	配方 8
棉秸秆（%）	—	—	—	15.00	15.00	10.00	10.00	10.00
压棉机渣（%）	—	—	—	—	5.00	10.00	10.00	15.00
棉籽壳（%）	—	—	—	—	—	5.00	5.00	10.00

（续）

原料	配方 1	配方 2	配方 3	配方 4	配方 5	配方 6	配方 7	配方 8
玉米秸秆（%）	—	40.00	—	—	—	—	—	10.00
小麦秸秆（%）	40.00	—	40.00	25.00	25.00	20.00	—	—
苜蓿干草（%）	10.00	10.00	10.00	10.00	5.00	5.00	5.00	5.00
青贮玉米（%）	—	—	—	—	—	—	20.00	—
玉 米（%）	39.00	41.50	39.50	39.30	39.40	39.40	39.10	39.10
麸 皮（%）	3.50	3.00	3.00	3.00	3.00	3.00	3.00	3.00
棉 粕（%）	—	—	5.00	5.00	5.00	5.00	5.00	5.00
豆 粕（%）	5.00	3.00	—	—	—	—	—	—
石 粉（%）	0.60	0.50	0.40	0.40	0.20	0.20	0.20	0.20
磷酸氢钙（%）	0.20	0.30	0.20	0.10	0.20	0.20	0.20	0.20
硫酸亚铁（%）	—	—	0.20	0.50	0.50	0.60	0.80	0.80
碳酸氢钠（%）	0.20	0.20	0.20	0.20	0.20	0.20	0.20	0.20
食 盐（%）	0.50	0.50	0.50	0.50	0.50	0.50	0.50	0.50
预混料[1]（%）	1.00	1.00	1.00	1.00	1.00	1.00	1.00	1.00
合 计（%）	100.00	100.00	100.00	100.00	100.00	100.00	100.00	100.00

营养水平	配方 1	配方 2	配方 3	配方 4	配方 5	配方 6	配方 7	配方 8
干物质（%）	88.44	89.21	88.48	88.35	88.44	88.75	75.77	88.92
代谢能 ME（MJ/kg）	8.90	8.29	8.89	8.71	8.59	8.66	9.39	8.50
粗蛋白质 CP（%）	9.46	9.78	9.37	9.87	9.53	9.80	9.74	10.43
粗脂肪 EE（%）	2.59	2.27	2.59	2.32	2.31	2.41	2.12	2.37
中性洗涤纤维 NDF（%）	43.09	34.19	43.40	38.13	39.29	40.78	35.37	39.42
酸性洗涤纤维 ADF（%）	28.81	19.93	29.11	26.10	26.85	28.00	22.80	26.75
钙 Ca（%）	0.50	0.42	0.42	0.47	0.44	0.49	0.54	0.59
磷 P（%）	0.26	0.25	0.27	0.25	0.27	0.28	0.32	0.31

注：[1] 生产母羊阶段预混料。

五、哺乳期母羊日粮配方

哺乳期母羊日粮配方见表 5-9，配方适用于体重 50 kg 左右，日泌乳量为 0.8 kg 左右，根据母羊的体重，干物质采食量为体重的 3.7%～5%，推荐饲喂量（干物质基础）为 2.0～2.6 kg/d；日粮中维生素、矿物元素的推荐剂量为：维生素 A 1 880～3 434 IU/d、维生素 D 222～380 IU/d、维生素 E 26～34 IU/d、硫 2.5～3.7 g/d、锌 59～77 mg/kg、硒 0.27～0.35 mg/kg，其他矿物元素钴、铜、碘、铁、锰推荐量等参照肉羊饲养标准（NY/816—2004）。

表 5-9　哺乳期母羊日粮配方

原料	配方 1	配方 2	配方 3	配方 4	配方 5	配方 6	配方 7
棉秸秆（%）	—	—	—	10.00	20.00	15.00	5.00
压棉机渣（%）	—	—	—	—	—	15.00	10.00
棉籽壳（%）	—	—	—	—	—	—	15.00
玉米秸秆（%）	—	—	42.00	—	—	—	—
小麦秸秆（%）	47.00	35.00	0.00	32.00	25.00	15.00	15.00
苜蓿干草（%）	8.00	5.00	8.00	8.00	5.00	5.00	5.00
羊草（%）	—	15.00	—	—	—	—	—
玉米（%）	34.70	36.40	40.40	39.00	40.00	40.80	39.10
麸皮（%）	3.00	2.50	2.50	3.50	2.40	3.00	3.00
豆粕（%）	5.00	4.00	—	—	—	—	—
棉粕（%）	—	—	5.00	—	5.00	3.50	5.00
棉籽饼（%）	—	—	—	5.00	—	—	—
石粉（%）	0.40	0.20	0.20	0.40	0.30	0.20	0.20
磷酸氢钙（%）	0.20	0.20	0.10	0.10	0.10	0.20	0.20
硫酸亚铁（%）	—	—	0.10	0.30	0.50	0.60	0.60
碳酸氢钠（%）	0.20	0.20	0.20	0.20	0.20	0.50	0.20
食盐（%）	0.50	0.50	0.50	0.50	0.50	0.50	0.50

（续）

原料	配方 1	配方 2	配方 3	配方 4	配方 5	配方 6	配方 7
预混料[1]（%）	1.00	1.00	1.00	1.00	1.00	1.00	1.00
合计（%）	100.00	100.00	100.00	100.00	100.00	100.00	100.00
营养水平	配方 1	配方 2	配方 3	配方 4	配方 5	配方 6	配方 7
代谢能 ME（MJ/kg）	8.62	8.94	8.27	8.66	8.55	8.57	8.75
粗蛋白质 CP（%）	8.85	9.06	9.92	8.89	9.31	9.64	9.82
粗脂肪 EE（%）	2.46	2.68	2.22	2.69	2.20	2.35	2.51
中性洗涤纤维 NDF（%）	46.81	45.29	34.91	44.04	41.57	37.95	43.13
酸性洗涤纤维 ADF（%）	32.04	29.96	20.39	28.39	22.92	25.94	30.00
钙 Ca（%）	0.41	0.37	0.38	0.42	0.39	0.59	0.47
磷 P（%）	0.24	0.25	0.29	0.25	0.24	0.28	0.28

注：[1] 预混料为哺乳母羊阶段预混料。

近年来，棉副产品的饲料化利用的范围越来越广和用量越来越多。棉副产品可被物理、化学、生物以及联合处理等方式降低游离棉酚含量，可通过 TMR 以及制粒等方式，使用量和使用效率得到显著提升。但棉副产品饲料化利用时应注意以下几点，一是羔羊等幼畜耐受能力差，开食料中应严格控制棉副产品用量；二是配合日粮中通过合理搭配棉粕、棉秸秆、棉花机渣等的用量，控制游离棉酚低于安全阈值，同时，注意棉副产品在日粮中的添加比例。

参考文献

阿布来提·塔力甫，肖国亮，司衣提·克热木，2013. 农区采用颗粒日粮育肥肉羊试验 [J]. 畜牧与饲料科学，34（3）：18-19.

阿依古力·阿不都克力木，雒秋江，木萨·沙吾提，等，2015. 棉籽壳作为绵羊饲料营养特性的研究 [J]. 中国畜牧兽医，42（6）：1436-1442.

敖维平，周小玲，李雪莲，2015. 不同脱毒方法处理棉粕脱毒效果的比较试验 [J]. 安徽农业科学，43（31）：111-112，115.

班婷，郭兆峰，马艳，等，2019. 新疆棉秸秆综合利用现状及基质化利用发展前景 [J]. 农业工程（10）：59-65.

边艳霞，陈立强，王鹏程，等，2017. 基于能值理论的新疆主要农作物秸秆综合利用生态足迹分析 [J]. 江苏农业科学，45（22）：269-274.

卜小丽，程熠娜，王春维，等，2017. 生物与物理复合法脱除棉籽粕中游离棉酚的工艺研究 [J]. 科学技术，53（3）：79-84.

陈仁，1985. 棉花副产品的综合利用 [J]. 中国农学通报（1）：12-13.

陈艳，2014. 肉牛常用饲料营养价值评定 [D]. 雅安：四川农业大学.

崔志芹，2004. 从双液相棉粕中制备浓缩蛋白和分离蛋白 [D]. 南京：南京工业大学.

邓辉，李春，李飞，等，2009. 棉秆糖化碱预处理条件优化 [J]. 农业工程学报，25，（1）：208-212.

邓江华，2015. 膨化脱毒棉粕的制备技术及应用效果研究 [D]. 武汉：武汉轻工大学.

方雷，贾强，2009. 棉秸秆不同部位饲用价值的评定 [J]. 当代畜牧（1）：25-26.

方雷，雒秋江，南海荣，等，2005. 添加剂和制粒对多浪羊棉秆日粮消化利用的影响［J］.中国畜牧兽医，32（8）：18-20.

方琴音，2004.饲粮不同棉籽饼用量对商品蛋鸡生产性能、蛋品质、血液生化指标的影响研究［D］.雅安：四川农业大学.

冯继华，曾静芬，陈茂椿，1994.应用 Van Soest 法和常规法测定纤维素及木质素的比较［J］.西南民族学院学报（自然科学版），20（1）：55-56.

冯建丽，徐烨，2002.棉粕中游离棉酚含量在畜禽料上的合理应用.石河子科技，（5）：54-55.

傅彤，2005.微生物接种剂对玉米青贮饲料发酵进程及其品质的影响［D］.北京：中国农业科学院.

高利伟，马林，张卫，等，2009.中国作物秸秆养分资源数量估算及其利用状况［J］.农业工程学报，25（7）：173-179.

龚玲凤，张鹏，江玉姬，等，2014.游离棉酚对平菇生长的影响［J］.福建农林大学学报（自然科学版），43（3）：316-320.

古再丽努尔·艾麦提，郭同军，张俊瑜，等，2020.日粮中不同水平棉秆对育肥期绵羊瘤胃发酵参数和屠宰性能的影响［J］.新疆农业科学，57（3）：581-588.

古再丽努尔·艾麦提，郭同军，张俊瑜，等，2020.日粮中棉秆水平对绵羊肉品质的影响［J］.饲料研究，43（5）：4-7.

顾赛红，孙建义，李卫芬，2003.黑曲霉 PES 固体发酵对棉籽粕营养价值的影响［J］.中国粮油学报，18（1）：70-73

郭春燕，程发祥，王文奇，等，2015.低发酵棉粕日粮对奶牛产奶量及乳成分的影响［J］.饲料研究（8）：31-33.

郭翠花，李胜利，刘瑞，2006.脱酚棉籽蛋白及其在奶牛中的应用［J］.中国畜牧杂志，42（6）：63-64.

郭同军，张志军，张俊瑜，等，2019.秸秆配合颗粒粗饲料粉碎粒度对育肥期绵羊生产性能的影响［J］.中国饲料（3）：33-37.

郭同军，张志军，赵洁，等，2018.蒸汽爆破发酵棉秆饲喂绵羊效果分析［J］.农业工程学报，34（7）：288-293.

哈丽代·热合木江，热沙来提汗·买买提，买买提明·阿布力米提，等，

2013. 棉花秸秆中棉酚脱毒法比较研究［J］. 新疆农业科学，50（7）：1304-1309.

哈丽代·热合木江，王永力，麦尔哈巴·阿不都耐毕，等，2016. 日粮中添加不同比例棉副产品对绵羊生产性能、营养物质消化率及血液生化指标的影响［J］. 中国畜牧兽医医，43（12）：3184-3192.

哈丽代·热合木江，叶尔兰·对山别克，邹琳，等，2017. 棉茬地放牧对母羊繁殖性能及血液性状的影响［J］. 草业科学，35（1）：192-198.

何涛，张海军，武书庚，等，2007. 棉籽饼粕脱毒方法研究进展［J］. 中国畜牧杂志，43（6）：51-55.

贺秀媛，李玉峰，张君涛，等，2009. 棉籽饼粕饲料中游离棉酚含量测定方法的改进［J］. 畜牧与兽医，41（3）：51-53.

洪权，郭同军，张志军，等，2018. 秸秆配合颗粒中物理有效纤维需要量研究进展［J］. 饲料研究（5）：92-95.

侯红利，罗宇良，2005. 棉酚毒性研究的回顾［J］. 水利渔业，25（6）：100-102.

侯良忠，郭同军，张俊瑜，等，2020. 不同棉秆水平对育肥期绵羊游离棉酚残留及日粮养分表观消化率的影响［J］. 中国畜牧兽医，47（5）：1412-1420.

胡鹏飞，吴增华，孙陶，等，2010. 微生物处理棉粕对羔羊舍饲育肥效果的影响［J］. 黑龙江畜牧兽医（24）：105-106.

胡云梯，张兴恒，杨觉新，等，1984. 棉仁、棉饼去毒方法及工艺的探讨［J］. 八一农学院学报（3）：61-67.

贾存辉，钱文熙，吐尔逊阿依·赛买提，等，2017. 饲喂氨化棉籽壳对塔里木马鹿瘤胃内环境指标及血清尿素氮含量的影响［J］. 动物营养学报，29（1）：347-353.

贾登泉，2011. 新疆棉花副产品综合利用情况及建议［J］. 新疆农业科技（3）：37.

蒋池君，1986. 用脱毒棉籽壳喂羔羊效果好［J］. 畜牧与兽医（5）：225.

蒋慧，方雷，张玲，等，2010. 不同比例枯黄期骆驼刺与棉籽壳混贮对青贮品质的影响［J］. 动物营养学报，22（4）：1107-1112.

蒋宗勇，1992. 饲用酶制剂的生产及在动物饲养中的应用［J］. 饲料工业（9）：7-9.

焦晓明，2013. 植物环丙烯脂肪酸合成的研究［D］. 北京：中国农业科学院.

李恒志，陈国禄，朱云芝，等，1987. 棉籽壳饲喂泌乳母牛生产效果的观察［J］. 中国畜牧杂志（5）：20-21.

李树伟，许宗运，夏爽，等，2006. 棉籽壳对卡拉库尔羊血液生化指标的影响［J］. 黑龙江畜牧兽医（8）：39.

李文娟，王世琴，马涛，等，2016. 体外产气法评定甘蔗副产物作为草食动物饲料的营养价值［J］. 饲料研究（18）：16-22.

李兴莲，许世新，李红军，等，2015. 棉花秸秆新饲料饲喂育肥牛试验初报［J］. 新疆畜牧业（S1）：21-22.

李兴莲，2014. 巴州棉花秸秆饲用模式及现状分析［J］. 新疆畜牧业（10）：15-18.

李园成，孙宏，吴逸飞，等，2020. 固态发酵棉籽仁的营养成分及其抗氧化活性［J］. 浙江农业学报，32（4）：610-615.

李袁飞，郝建祥，马艳艳，等，2013. 体外瘤胃发酵法评定不同类型饲料的营养价值［J］. 动物营养学报，25（10）：2403-2413.

刘晨黎，赵伟利，何佳文，等，2014. 农户养殖模式下育肥羊瘤胃食糜外流速度及棉籽壳有效降解率的评定［J］. 饲料工业，35（3）：47-50.

刘东山，刘家平，张运海，等，2016. 棉花秸秆微贮加工技术［J］. 新疆畜牧业（12）：59-60.

刘芳，潘晓亮，蒋新环，等，2008. 棉籽壳对育肥羔羊生产性能的影响［J］. 中国草食动物（6）：20-23.

刘科，2001. 秸秆饲料加工与应用技术［M］. 北京：金盾出版社.

刘艳丰，敬红文，桑断疾，等，2009. 棉籽饼粕微生物发酵研究进展［J］. 饲料研究（10）：23-25.

刘艳丰，唐淑珍，侯广田，等，2012. 不同棉酚含量的棉副产品对阿勒泰羊生产性能和血液指标的影响［J］. 饲料博览（6）：25-29.

刘艳丰，唐淑珍，桑断疾，2009. 新疆棉花秸秆作为饲料资源的利用开发现状 [J]. 中国奶牛（9）：27-30.

刘艳丰，郑伟，哈尔阿力·沙布尔，等，2017. 棉花秸秆对绵羊生产性能和血清生化指标的影响 [J]. 黑龙江畜牧兽医（7）：127-131.

刘祎，钱玉源，崔淑芳，等，2018. 低酚棉种子利用研究进展 [J]. 中国棉花，45（8）：4-8.

罗鹏，刘忠，2005. 蒸汽爆破法预处理木质纤维原料的研究 [J]. 林业科技，30（3）：53-56.

吕海东，周岩民，李如治，2004. 饲用纤维素酶应用研究. 中国饲料（9）：25-27.

吕慧，2009. 棉籽饼粕的脱毒方法的比较 [J]. 中国棉花加工（1）：29-30.

吕云峰，王修启，赵青余，等，2010. 棉酚在饲料中安全限量及畜产品中残留研究进展 [J]. 中国农学通报，26（24）：1-5.

马保林，肖玉柱，侯建忠，等，2008. 棉籽壳微贮脱毒在奶牛生产中的作用及制作 [C]. 中国奶业协会. 第三届中国奶牛发展大会论文集. 中国奶业协会：中国奶牛编辑部，447.

马建忠，蒲明，2016. 棉壳和棉杆作为肉羊育肥饲料安全性的研究 [J]. 草食家畜（4）：14-19.

马丽，张日俊，陈福水，等，2012. 发酵棉粕替代部分豆粕对生长猪生产性能的影响试验 [J]. 浙江畜牧兽医（4）：28-30.

毛华明，1995. 作物秸秆化学处理方法的演变与发展 [J]. 云南畜牧兽医（1）：29-30，32.

穆杨，2019. 棉籽油和棉籽粕在鸡"橡皮蛋"形成中的作用及机制研究 [D]. 武汉：华中农业大学.

齐临冬，王高升，于孟辉，等，2011. 不同预处理方法对棉杆酶水解的影响 [J]. 天津科技大学学报，26，（5）：27-31.

曲连发，王定杰，王生民，2016. 湿热处理对棉籽饼粕脱毒作用试验 [J]. 中国畜禽种业，12（10）：31-32.

热沙来提汗·买买提，艾比布拉·伊马木，早热古丽·热合曼，2012. 化学及高温发酵处理对棉秆消化性的影响［J］.新疆农业科学，49（5）：945-949.

任向荣，徐敏强，李伟然，等，2009.蒸汽爆破生物质秸秆的工业应用［J］.现代化工，29（11）：89-91.

荣梦杰，王爽，等，2019.棉酚的提取及应用研究进展［J］.中国棉花，46（3）：1-6，10.

赛迪古丽·赛买提，张志军，2019.体外产气法对苏丹草与棉秆间组合效应的研究［J］.草食家畜（3）：34-38.

赛买提·艾买提，欧阳宏飞，赵丽，等，2008.五种不同方法对棉副产品棉酚脱毒效果的比较研究［J］.饲料工业（1）：27-30.

桑吉惹，郭同军，蒋超祥，等，2016.不同比例番茄渣与棉籽壳混贮对青贮品质的影响［J］.饲料研究（19）：1-4.

施安辉，刘淑君，肖海杰，等，1997.微生物脱毒强化棉籽饼的研究与应用［J］.粮食与饲料工业（7）：22-23.

石秀侠，程茂基，蔡克周，等，2005.棉籽饼有毒物质及其脱毒方法研究进展［J］.饲料博览（6）：8-10.

斯热吉古丽·阿山，艾尼瓦尔·艾山，崔卫东，等，2016.七种脱毒法对棉副产品的脱毒效果比较——根据游离棉酚含量分析［J］.黑龙江畜牧兽医（1）：132-134.

苏玲玲，郭同军，张俊瑜，等，2020.日粮添加不同比例棉秆对育肥绵羊生产性能及经济效益的影响［J］.中国饲料（9）：122-125.

孙建义，许梓荣，1995.利用假丝酵母进行棉籽饼脱毒的研究［J］.中国粮油学报，10（1）：61-64.

孙晋中，刘贤侠，何高明，等，2006.棉壳、棉秆和棉籽饼粕在奶牛饲养中的应用［J］.中国供销商情（乳业导刊）（1）：48-51.

孙静，杨在宾，杨晨，等，2018.不同比例全株玉米青贮饲粮对生长猪生产性能、养分利用、血液学指标和血清氧化应激指标的影响［J］.动物营养学报，30（5）：1703-1712.

孙余卓，吕莉华，韩吉雨，等，2010.青贮研究进展［J］.内蒙古民族大学，25（3）：307-310.

谭荣英，陈志，吴德胜，等，2016. 棉籽（粕）膨化脱毒研究进展［J］. 饲料工业，37（15）：57-61.

铁鑫，桑断疾，张俊瑜，2017. 新疆棉源饲料在反刍动物养殖业中的应用及前景展望［J］. 草食家畜（1）：13-16.

吐尔逊帕夏，闻正顺，潘晓亮，等，2011. 棉籽壳对雄性细毛羊肝脏功能和显微结构的影响［J］. 中国兽医学报，31（9）：1318-1321.

吐尔逊帕夏，闻正顺，潘晓亮，等，2010. 棉籽壳对雄性细毛羊生长性能及组织中棉酚残留的影响［J］. 浙江大学学报，36（3）：306-310.

王安平，吕云峰，张军民，等，2010. 我国棉粕和棉籽蛋白营养成分和棉酚含量调研［J］. 华北农学报，25（S1）：301-304.

王春梅，2017. 畜禽棉籽饼（粕）中抗营养因子的危害与消除方法分析［J］. 现代畜牧科技（8）：51.

王芳，徐元君，牛俊丽，等，2016. 体外产气法评价反刍动物饲料营养价值的研究［J］. 中国畜牧兽医，43（1）：76-83.

王海珍，王加启，2002. 瘤胃内粗纤维的降解机制及其调控［J］. 国外畜牧科技（4）：3-6.

王景，2012. 棉籽仁主要营养成分近红外光谱评定研究［D］. 洛阳：河南科技大学.

王倩，张力莉，赵婷，等，2015. 不同处理方式对棉籽粕中游离棉酚和常规养分含量的影响［J］. 饲料研究（1）：50-54.

王曙光，2003. 棉花叶饲料资源值得开发［J］. 饲料与畜牧（6）：30.

王炜康，杨红建，邢亚亮，等，2017. 棉酚对反刍动物的危害性及其瘤胃微生物学脱毒机理探讨［J］. 中国畜牧杂志，53（6）：15-19.

王文奇，侯广田，刘艳丰，等，2014. 棉籽粕固体发酵脱毒工艺参数的优化研究［J］. 新疆农业科学，51（1）：103-109.

王文奇，罗永明，刘艳丰，等，2015. 不同棉秆水平全混合日粮对绵羊生长性能和瘤胃发酵参数的影响［J］. 新疆农业科学，52（11）：2111-2116.

王向峰，2013. 探讨棉酚对动物采食棉籽壳适口性的影响［J］. 当代畜牧，（14）：23-24.

魏二虹，张文举，刘东军，2010. 不同热处理对棉籽饼中棉酚含量的影响［J］.石河子大学学报，28（1）：52-56.

魏敏，雒秋江，潘榕，等，2003. 对棉花秸秆饲用价值的基本评价［J］.新疆农业大学学报，26（1）：1-4.

魏敏，雒秋江，王东宝，等，2003. 棉花秸秆作为绵羊粗饲料的研究［J］.草食家畜（3）：47-49.

吴高风，吐尔逊帕夏，潘晓亮，等，2010. 饲喂棉籽壳对新疆细毛羊精液品质的影响［J］.江苏农业科学（1）：220-222.

吴红岩，郭同军，张志军，等，2019. 秸秆配合颗粒饲料peNDF水平对绵羊血液生化指标的影响［J］.新疆农业科学，56（4）：749-757.

吴建江，2008. 规模化牛场棉籽壳生物脱毒饲喂技术［J］.石河子科技（2）：50-51.

席兴军，2002. 添加剂对玉米秸秆青贮饲料质量影响的试验研究［D］.北京：中国农业大学.

夏科，姚庆，李富国，等，2012. 奶牛常用粗饲料的瘤胃降解规律［J］.动物营养学报，24（4）：769-777.

肖体琼，何春霞，凌秀军，2010. 中国农作物秸秆资源综合利用现状及对策研究［J］.世界农业（12）：31-36.

谢春元，杨红建，么学博，等，2007. 瘤胃尼龙袋法和体外产气法评定反刍动物饲料的营养价值的比较［J］.中国畜牧杂志，43（17）：39-42.

新疆畜牧科学院饲料研究所，2017. 新疆南疆地区非常规饲料资源调查与发展前景研究［M］.北京：中国农业出版社.

熊本海，罗清尧，赵峰，等，2017. 中国饲料成分及营养价值表（2017年第28版）制订说明［J］.中国饲料（21）：31-41.

熊飞，2010. 饲用酶制剂应用现状与前景［J］.畜牧与饲料科学，31：22-23.

许国英，热合木都拉，马英杰，1998. 棉花秸秆的饲用价值研究［J］.新疆畜牧业（3）：10-11.

许宗运，邱宣城，张军，等，2000. 棉籽壳，稻壳不同微贮方法效果比较［N］.中国饲料（6）：25-26.

许宗运，夏爽，彭安业，等，2004.饲喂不同比例棉籽壳卡拉库尔羊血中微量元素的测定［J］.中国畜牧兽医，31（1）：16-17.

许宗运，张锐，张玲，蒋涛，吐尔洪，黄云，买买吐逊，1999.棉秆不同微贮方法效果研究［J］.中国草食动物（4）：22-24.

阳建华，2018.棉秆发酵条件优化，营养价值评定及其在湖羊养殖中的应用［D］.石河子：石河子大学.

杨大奎，1996.棉酚浸出新方法的研究［J］，中国油脂，21（1）：24-29.

杨皓，2003.棉秆经生物发酵后饲喂牛羊的试验结果［J］.当代畜牧（7）：40-41.

杨建中，张俊瑜，2017.膨化秸秆在动物饲料中的研究进展［J］.草食家畜（3）：35-38.

杨阳，张玉丹，任航，2015.不同化学处理棉秆的效果研究［J］.农业开发与装备（9）：86-88.

杨阳，张玉丹，任航，2015.不同生产工艺对棉秆饲料营养价值的影响［J］.饲料博览，（9）：1-4.

叶龙祥，李杰，2011.几株真菌对棉籽粕和棉籽壳脱毒的影响［J］.粮食与食品工业，18（4）：38-43.

依马木玉，丁健，2014.新疆棉秸秆的饲用模式［J］.农业工程，4（5）：50-52.

佚名，2015.秸秆碱化（氨化）技术－秸秆饲料化技术系列（三）［J］.农业科技与装备（7）：2.

尹宗元，1984.棉花副产品的综合利用［J］.山东农业科学（8）：1-4.

于虔，柴绍芳，2009.发酵棉花秸秆饲喂肉牛的效果观察［J］.中国畜禽种业（9）：76-77.

院江，孙新文，丁宁，等，2006.微生物发酵对棉籽壳营养成分及游离棉酚的影响［J］.石河子大学学报（自然科学版）（3）：299-301.

岳耀峰，2010.新疆棉秆预处理及木质纤维素降解研究［D］.阿拉尔市：塔里木大学.

张蓓蓓，耿维，崔健宇，等，2016.中国棉花副产品作为生物质能源利用的潜力评估［J］.棉花学报，28（4）：384-391.

张春荣，2009.常见易中毒猪饲料的处理方法［J］.养殖技术顾问（11）：46.

张国庆，雒秋江，臧长江，等，2018.棉秆营养价值研究及其对绵羊营养物质消化代谢、生长和羊肉安全性的影响［J］.动物营养学报，30（8）：3247-3257.

张俊瑜，郭同军，桑断疾，等，2020.饲粮中不同水平棉秆对泌乳期绵羊血清生化指标的影响［J］.中国饲料（13）：116-121.

张俊瑜，郭同军，桑断疾，等，2020.饲粮中不同水平棉秆对母羊生长性能和繁殖性能的影响［J］.动物营养学报，32（3）：1238-1246.

张俊瑜，桑断疾，张志军，等，2018.饲粮中棉秆比例对绵羊生长性能和消化性能的影响［J］.动物营养学报，30（9）：3535-3542.

张嗣炯，1995.棉籽饼粕脱毒的工艺研究（II）［J］.浙江工业大学学报，23（3）：219-223.

张苏江，嵇道仿，祁成年，2005.不同处理方法对棉秆营养价值影响的研究［J］.塔里木大学学报，17（4）：1-4.

张苏江，吾买尔江，祁成年，等，2005.不同处理棉秆饲料在卡拉库尔羊瘤胃中降解的动态规律［J］.石河子大学学报，23（5）：616-619.

张文举，许梓荣，孙建义，等，2006.假丝酵母ZD-3与黑曲霉ZD-8复合固体发酵对棉籽饼脱毒及营养价值的影响研究［J］.中国粮油学报，21（6）：12-135.

张文举，2006.高效降解棉酚菌种的选育及棉籽饼粕生物发酵的研究［D］.杭州：浙江大学.

张延坤，房玉水，邓峰，等，1995.用高效液相色谱法（HPLC）测定棉籽蛋白中的游离和总棉酚［J］.营养学报，17（4）：419-424.

张永根，王志博，宋平，等，2005.用粪液法与尼龙袋法测定牧草有机物和蛋白质降解率的比较研究［J］.东北农业大学学报，36（6）：750-755.

张煜，石常友，王成，等，2018.路则庆菌酶协同发酵改善玉米-豆粕型饲料营养价值的研究［J］.中国粮油学报（3）：70-77.

张志军，高丽，苏玲玲，等，2017. 棉花秸秆与苜蓿干草之间组合效应的研究 [J]. 草食家畜（3）：24-29.

张志军，郭同军，赵洁，等，2018. 汽爆与汽爆后发酵对棉花秸秆营养价值的影响 [J]. 动物营养学报，30（9）：3720-3725.

张志军，张俊瑜，苏玲玲，等，2020. 日粮中不同棉秆水平对育肥羊血液生化指标的影响 [J]. 中国饲料（19）：23-28.

赵东波，2005. 棉花拔秆清膜旋耕机研制成功 [J]. 农机具之友（4）：42.

赵连生，牛俊丽，徐元君，等，2017.6 种饲料原料瘤胃降解特性和瘤胃非降解蛋白质的小肠消化率 [J]. 动物营养学报，29（6）：2038-2046.

赵树琪，李蔚，戴宝生，等，2017. 棉花秸秆综合利用现状分析 [J]. 湖北农业科学，56（12）：2201-2203.

赵顺红，2007. 棉籽饼粕生物发酵脱毒效果的研究 [D]. 石河子：石河子大学.

钟英长，吴玲娟，1989. 利用微生物将棉籽中游离棉酚脱毒的研究 [J]. 中山大学学报（自然科学版）（3）：67-72.

周恩库，2009. 棉粕和棉籽壳对雄性细毛羊尿石症影响的研究 [D]. 石河子：石河子大学.

周培校，赵飞，潘晓亮，等，2009. 棉粕和棉籽壳饲用的研究进展 [J]. 畜禽业（8）：52-55.

周涛，陈万宝，孟庆翔，等，2016. 秸秆蒸汽爆破技术在畜牧生产中的应用研究进展 [J]. 中国畜牧兽医，43（9）：2352-2357.

卓克强，2007. 棉籽壳、饼粕生物脱毒与饲喂技术 [J]. 新疆农垦科技（4）：40-41.

邹琳，哈丽代·热合木江，艾比布拉·伊马木，2019. 棉茬地放牧对山羊养分消化率及组织中游离棉酚残留的影响 [J]. 草食家畜（1）：49-54.

ALMIRALL, MERCE, FRANCESCH, et al., 1995. The differences in intestinal viscosity produced by barley and pglucanase alter digesta enzyme activities and Heal nutrition dipestibilities more in broiler chicks than in cocks[J]. Journal of Nutrition, 125: 947-955.

CHARMLEY E, VEIRA D M, 1991. The effect of heat treatment and gamma radiation on the composition of unwilted and wilted lucerne silages [J]. Grass Forage Science, 46: 381-390.

CHEN Y, WEINBERG Z W, 2009. Changes during aerobic exposure of wheat silages[J]. Animal Feed Science & Technology, 154(1-2): 76-82.

DEFOOR P J, GALYEAN M L, SALYER G B, et al., 2002. Effects of roughage source and concentration on intake and performance by finishing heifers[J]. Journal of Animal Science, 80(6): 1395-1404.

DRIEHUIS F, ELFERINK S J W H O, SPOELSTRA S F, 1999. Anaerobic lactate degradation in maize silage inoculated with *Lactobacillus buchneri* inhibits yeast growth and improves aerobic stability[J]. Journal of Applied Microbiology, 87(4): 583-594.

DRIEHUIS F S, ELFERINK S J W H O, WIKSELAAR P G V, 2010. Fermentation characteristics and aerobic stability of grass silage inoculated with Lactobacillus buchneri, with or without homofermentative lactic acid bacteria[J]. Grass Forage, 57(4): 330-343.

ELFERINK, STEFANIE J W H, KROONEMAN, et al., 2001. Anaerobic conversion of lactic acid to acetic acid and 1, 2Propanediol by *Lactobacillus buchneri.*[J]. Applied & Environmental Microbiology, 67: 125-132.

FISHER G S, FRANK A.W, CHERRY J P, 1987. Determination of total gossypol at parts-permillion levels[J]. Journal of the American Oil Chemists Society, 64(3): 376-379.

FITZSIMONS A, DUFFNER F, CURTIN D, et al., 1992. Assessment of Pediococcus acidilactici as a potential silage inoculant[J]. Applied & Environmental Microbiology, 58(9): 3047-3052.

HALE W H, LAMBETH C, THEURER B, et al., 1969. Digestibility and utilization of cottonseed hulls by cattle[J]. Journal of Animal Science,

29（5）: 773-776.

HASSAN M E, SMITH G W, OTT R S, et al., 2004. Reversibility of the reproductive toxicity of gossypol in peripubertal bulls[J]. Theriogenology, 61（6）: 1171-1179.

YANG H Y, WANG X F, LIU J B, et al., 2006. Effects of water-soluble carbohydrate content on silage fermentation of wheat straw[J]. Journal of Bioscience & Bioengineering, 101（3）: 232-237.

KAHRAMAN S S, GURDAL I H, 2002. Effect of synthetic and natural culture media on laccase production by white rot fungi[J]. Bioresource Technology, 82（3）: 215-217.

KEADY T W J, STEEN R W J, 1994. Effects of treating low dry atter grass with a bacterial inoculant on the intake and performance of beef cattle and studies on its mode of action[J]. Grass and Forage Science, 49（4）: 438-446.

MILLS J A, KUNG L, 2002. The effect of delayed filling and application of a propionic acid based additive on the fermentation of barley silage[J]. Journal of Dairy Science, 85（8）: 1969-1975.

MUCK, R E, 1988. Factors influencing silage quality and their implications for management[J]. Journal of Dairy Science, 71（11）: 2992-3002.

NOMEIR A A, ABOU-DONIA M B, 1982. Gossypol: High-performance liquid chromatographic analysis and stability in various solvents[J]. Journal of the American Oil Chemists Society, 59（12）: 546-549.

NIECX, ZHAGN W J, GE W X, et al., 2015. Effects of fermented cottonseed meal on the growth performance, apparent digestibility, carcass traits, and meat composition in Yellow-feathered broilers[J]. Thurkish Journal of Veterinary and Animal Sciences, 39: 355-356.

PANDEY S N, SHALKH A J, 1987. Utilization of cotton plant stalk for production of pulp and paper[J].Biological Wastes, 21: 63-64.

SHAIKH A J, 1990. Blending of cotton stalk pulp with bagasse pulp for paper making[J]. Biological Wastes, 31（1）: 37-43.

SOITA H W, CHRISTENSEN D A, MCKINNON J J, 2003. Effects of barley silage particle size and concentrate levelon rumen kinetic parameters and fermentation patterns in steers[J]. Canadian Journal of Animal Science, 83(3): 533-539.

SPOELSTRA S F, 1987. Degradation of nitrate by enterobacteria during silage fermentation of grass.Netherlands[J]. Journal of Agricultural Science, 1(35): 43-54.

THEURER C B, SWINGLE R S, WANDERLEY R C, et al., 1999. Sorghum grain flake density and source of roughage in feed lot cattle diets [J]. Journal of Animal Science, 77(5): 1066-1073.

WEINBERG Z G, SHATZ O, CHEN Y, et al., 2007. Effect of lactic acid bacteria inoculants on in vitro digestibiliy of wheat and corn silages[J]. Journal of Dairy Science, 90(10): 4754-4762.

WHITNEY T R, LUPTON C J, 2010. Evaluating percentage of roughage in lamb finishing diets containing 40% dried distillers grains: Growth, serum urea nitrogen, nonesterified fatty acids, and insulin growth factor-1 concentrations and wool, carcass, and fatty acid characteristics[J]. Journal of Animal Science, 88(9): 3030-3040.